Freshman을 위한

공학설계입문

FRIEND

제2판 **Freshman**을 위한

공학설계입문

김태훈 · 배명일 · 윤수경 · 이영우 · 이종신 지음

Freshman's Introductory Engineering Design

한티미디어

Freshman을 위한

공학설계입문

발행일 2012년 1월 3일 2판 1쇄
2016년 8월 26일 2쇄
2018년 8월 24일 3쇄
2021년 12월 22일 4쇄
지은이 김태훈 · 배명일 · 윤수경 · 이영우 · 이종신
펴낸이 김준호
펴낸곳 한티미디어 | **주소** 서울시 마포구 동교로23길 67 Y빌딩 3층
등 록 제15-571호 2006년 5월 15일
전 화 02)332-7993~4 | **팩스** 02)332-7995
ISBN 978-89-6421-092-5 93530
정 가 19,000원

마케팅 노호근 박재인 최상욱 김원국 김택성 | **편집** 김은수 유채원 | **관리** 김지영 문지희
디자인 표지 Moon&Park | 일러스트 조혜숙 | 교정 김호경
인 쇄 이산문화사

이 책에 대한 의견이나 잘못된 내용에 대한 수정 정보는 한티미디어 홈페이지나 이메일로 알려주십시오.
독자님의 의견을 충분히 반영하도록 늘 노력하겠습니다.
홈페이지 www.hanteemedia.co.kr | **이메일** hantee@hanteemedia.co.kr

머리말

"공학설계에서 엔지니어의 역할을 이해하도록"

십여년 전부터 공학교육계에서는 창의력을 갖춘 현장 적응형 엔지니어를 양성하기 위한 공학교육혁신의 일환으로 공학설계 교육과정을 도입하여 운영하고 있다. 초기에는 공급자나 수요자가 서로 이해하지 못한 상태에서 운영되어 혼란도 있었지만 요즘은 좋은 길잡이 교재발간과 교육경험에 의한 노하우가 축적되어 어느 정도 자리를 잡아가고 있는 것 같다. 하지만 여전히 대학 1학년생의 눈높이에 맞는 공학설계 과제 선정과 학생들의 창의성 발현 방법과 평가 등에 대한 숙제는 여전히 해결해야할 문제이다. 이런 문제를 해결하고자 3년 전에 5명의 저자가 만나 부족한 교재를 발간하였으나 독자들의 과분한 사랑으로 2판을 출판하게 되었다. 본문의 경우는 오탈자 정도와 분명치 않은 그림 등의 개선을 하였으나 부록 1의 경우는 '공학설계 제품 사례' 로 3년간 학생들의 제품 사진을 모아 정리하였다.

앞으로도 저자 일동은 공학설계 입문 교과목에 적합한 교재가 되도록 노력할 것이며 독자들과 계속적인 교류를 통해 보다 나은 교재가 되도록 꾸준히 노력하고자 한다.

FRIEND

저자 일동은 이 교재가 공학교육 현장에서 널리 활용되어 공학설계 능력 향상에 도움이 되기를 다시 한 번 희망한다.

2011년 가을

저자 일동

저자 소개

김태훈(충남대학교 사범대학 전기 · 전자 · 통신공학교육과 교수)

배명일(충남대학교 공과대학 초빙교수)

윤수경(한양대학교 공과대학 교수)

이영우(충남대학교 녹색에너지기술전문대학원 교수)

이종신(충남대학교 공과대학 초빙교수)

FRIEND

차례

FRIEND

제5장 공학설계 과정 131

FRIEND

FRIEND

Freshman's Introductory Engineering Design

제 1장 개론

이 사진은 바람이 세고 눈과 비가 많이 내리는 대관령의 한 농장을 필자가 촬영한 것이다. 오랜 옛날부터 기후가 너무 나빠서 불모지였던 대관령의 산꼭대기에 누군가가 저 커다란 풍력발전기를 설계하여 설치하고, 땅을 개발하였다. 그리하여 지금은 많은 가축을 기르고 농작물을 경작하는 유용한 땅으로 변화되었다. 예전에는 바람이 불면 원망스러웠겠지만, 어느 엔지니어(공학전공 학생들의 선배)가 풍력발전기를 설계해 설치한 이후부터는 공해 없이 전기를 생산해주는 고마운 바람으로 변모된 것이다.

이와 같이 공학설계는 자연을 조화롭게 개발하고, 삶의 질을 높여줄 수 있는 가치 있고 중요한 일이다. 따라서 이러한 일은 엔지니어가 자긍심을 가지고 즐겁게 해야 할 일이다.

학습 성과

1. 공학설계의 필요성을 이해할 수 있다.
2. 공학설계의 개념을 이해할 수 있다.
3. 엔지니어가 갖추어야 할 능력을 이해할 수 있다.

1.1 공학설계

1.1.1 생활 주변에서의 공학설계

그림 1-1 생활 주변의 제품

활동 1 다음을 주제로 친구와 함께 이야기해보자.
- 오늘 학교에 오기까지 사용한 제품은 무엇인가?
- 어떤 사람이 그 제품을 만들었는가?

오늘 우리가 생활하면서 사용한 제품을 잠시 돌아보자. 대부분의 사람은 잠을 자고, 일어나 세수를 하고, 식사를 하고, 옷을 입고, 일터(학교, 직장, 봉사 등등)로 나간다. 이 과정까지 우리는 무엇을 사용하는가? [그림 1-1]에서 보는 바와 같이 집, 이불, 치약, 칫솔, 비누, 수건, 빗, 헤어드라이어, 화장품, 거울, 옷, 조리기구, 식탁, 그릇, 신발, 자동차 등 매우 다양한 종류의 제품을 사용한다.

이러한 제품 덕분에 생활이 편리해지고 더욱 풍요로워진다. 그러나 이러한 제품을 만드는 과정이나 사용하는 과정에서 피해를 입거나 위험에 처하기도 한다.

그림 1-2 다양한 제품

생활 속의 제품은 종류에 따라 도구와 기계로 구분할 수 있다. [그림 1-2]에 도구와 기계의 예를 나타냈다. 도구(道具)는 칼, 망치, 도끼 등과 같이 인류가 원시시대부터 다양한 환경에 적응하기 위해 끊임없이 만들어 온 것을 말하며, 기계(機械)는 풍차, 방직기, 증기기관 등과 같이 동력을 이용해 일을 하는 장치로서 여러 가지 부품으로 구성된 것이다.

어떤 생산적인 활동을 위해 도구와 기계가 시스템을 형성한 것을 공정(process)이라 하며, 다양한 공정들이 연결되어 제품을 생산하는 곳을 공장(factory)이라 한다. [그림 1-3]은 핸드폰과 같은 전자 제품의 몸체를 만드는 엔지니어링 플라스틱 제조공장의 일부 공정인 '압출 냉각 공정' 을 나타낸 것이다. 참고로 엔지니어링 플라스틱 제조공장의 공정을 살펴보면 다음과 같다.

원료 혼합 공정 ⇒ 원료 용융(녹이는) 공정 ⇒ 압출 냉각 공정 ⇒ 절단 공정 ⇒ 포장 공정 ⇒ 출하 공정

공장에서 생산하는 다양한 제품은 우리의 삶에 필요한 제품뿐만 아니라 건축물, 토목 구조물, 예술품 등의 제작에 필요한 각종 재료를 공급하기도 한다.

그림 1-3 FRIEND 공장

1.1.2 공학설계의 중요성

활동 2 제품을 하나 선정하여 아래와 같이 생각해보자.

- 불편하거나 부족한 점은 무엇이 있는가?
- 개선할 점은 무엇인가?
- 개선할 수 있는 방법은 무엇인가?

우리가 사용하는 제품은 우연히 생긴 것이 아니며, 대부분 엔지니어가 설계하여 공장에서 제조한 공산품이다. 공산품이 성공적으로 사용되기 위해서는 고객의 요구사항을 만족해야 하며, 사회에 유익해야 하고, 합리적인 가격이어야 한다. 그러나 복잡한 사회와 급변하는 고객 요구에 맞는 공산품을 제조하기 위해서는 사회와 고객의 다양한 요구 조건을 고려하여 설계하는 것이 매우 중요하다.

오늘날 대부분의 공산품은 대량으로 생산하여 판매된다. 대량 생산의 경우, 생산, 판매, 품질보증 등에 소요되는 비용이 매우 많이 든다. 만일 생산된 제품이 사람의 건강이나 안전에 관련된 물건이나 시설일 경우, 예기치 못한 사고로 인해 큰 피해가 발생할 수도 있다. 이러한 상황은 개인은 물론 기업에게도 감당하기 힘든 큰 위험이 될 수 있다.

그러므로 새로운 제품 또는 개선된 제품을 제조하기 전에 생산, 판매, 품질보증 등에 소요되는 비용을 최소로 하며, 시장에서 잘 팔리고, 사회에도 유익한 제품을 만들기 위해서는 생산 이전에 완벽한 공학설계를 해야 한다. 공학설계 과정에서 설계자들의 창의적인 아이디어 발상, 설계도 작성, 모형 제작과 시험 등과 같은 활동을 하는데 드는 비용은 제품 생산비용과 비교하면 상대적으로 매우 적은 수준이다. 공학설계는 여러번의 시행착오를 거쳐도 제품 생산비용에 비해서 많은 비용이 들지 않지만 이를 통해 개선된 제품은 시장에서 성공할 확률이 더 높아진다.

따라서 제품을 생산 판매하는 개인이나 회사가 성공적인 사업을 하기 위해서 가장 중요시해야 할 일이 '공학설계' 라고 할 수 있다. 이는 제품 생산뿐만 아니라 건물, 교량, 도로 등을 건설하는 경우에도 적용된다. 이와 같이 '공학설계' 의 중요성은 아무리 강조해도 지나치지 않다.

1.1.3 공학설계 관련 용어 소개

공학설계를 이해하기 위해서 필요한 몇 가지 용어들의 의미를 다음과 같이 소개한다.

'공학' 이란 '인류의 이익을 위해 과학적 원리를 응용하여 천연자원을 구조물, 기계, 제품, 시스템, 공정으로 최적의 변환을 시키는 것' 을 의미한다.

공학설계의 정의는 보는 관점과 학자들에 따라 매우 다양하게 서술되고 있으나 여기에서는 한국공학교육인증원(ABEEK)이 채택하고 있는 정의만 소개하고 다른 사례들은 제5장의 공학설계과정에서 설명하기로 한다.

'공학설계는 목표하는 기능과 성능을 포함한 제반 요구조건을 만족하는 시스템이나 시스템의 일부를 고안하는 전 과정을 포함한다. 다시 말하면, 이 과정은 수학, 기초과학, 공학주제 영역의 이론을 기초로 하여 설정된 목표를 달성하기 위하여 사용가능한 자원을 최적으로 활용될 수 있게 하는 반복적인 의사결정 과정이다. 설계과정을 구성하는 설계 구성요소에는 목표와 기준의 설정, 합성, 분석, 제작, 시험, 평가 그리고 결과 도출 등이 포함된다. 또한 여러 가지 현실적인 제한 조건 즉, 경제, 환경, 사회, 윤리, 미학, 보건 및 안전, 생산성과 내구성, 산업표준 등을 반영해야 한다.

공학설계과정에서 다루어야 할 내용들을 살펴보면 다음과 같다.

- 고객요구를 파악하기 위한 시장조사와 고객과의 의사소통하기.
- 고객의 요구가 사회적 환경이나 법규에 부합하는 것인가를 판단하기.
- 고객요구를 공학기술로 바꾸어서 제품으로 만들 수 있도록 하기.
- 필요한 기술인 기계, 토목, 건축, 전기, 컴퓨터, 화학, 화공, 디자인, 예술, 심리학 등 거의 모든 분야의 지식과 기술을 통합적으로 응용하기.
- 구체적으로 특성을 정하고, 그 특성의 성능이 발휘되도록 기술을 적용하기.
- 개념설계도를 스케치하기.
- 제품의 예상 제작비용을 계산하기.
- 모든 부품들을 정하고, 규격을 정하기.
- 부품들을 자체 제작할 것인지, 외부에 제작 의뢰할 것인지를 결정하기.
- 생산설비에서 생산할 수 있도록 조정하기.
- 제품설계도를 작성하기.
- 제품의 소형 모형 제품을 제작하여 시험 평가해서, 설계 목표에 맞는지를 확인하고, 부족한 경우에는 상위 설계 단계로 피드백하기.
- 시장에 판매된 제품에 관한 고객의 반응을 조사하고, 개선 제품의 설계에 반영하기.

현대의 공학설계는 이와 같이 매우 다양한 내용을 포함하고 있으며 이는 과거에 비해 계속 확대되고 있다. 따라서 이러한 변화에 탄력적으로 대응하기 위한 체계적인 설계 과정이 필요하다. 따라서 이 책에서는 급변하는 환경에 맞추어 새로운 설계 과정으로 다음과 같은 7단계의 공학설계 과정을 제시한다.

- 1단계 : 문제 확인하기
- 2단계 : 계획 수립하기
- 3단계 : 정보 수집하기
- 4단계 : 설계 목표 구체화하기
- 5단계 : 새로운 아이디어 찾기
- 6단계 : 아이디어 평가하기
- 7단계 : 제품 제작 준비하기

1.2 엔지니어가 갖추어야 할 공학설계 능력

매우 복잡한 공학설계를 창의적으로 잘하기 위해서는 설계하려고 하는 제품에 관련된 다양한 지식과 경험을 가진 사람들이 함께 팀을 이루어서 협력할 필요가 있다. 팀 구성은 지식과 경험이 서로 다른 사람들이 함께 참여해야 창의성이 높아진다. 그러나 지식과 경험이 다른 사람들은 사고 방법과 의사소통 방법이 서로 다르기 때문에 의사소통에 어려움이 있으므로, 의사소통 기술을 습득함으로써 팀워크를 향상시켜야 한다.

엔지니어가 매우 복잡한 공학설계 과정을 효과적으로 수행하기 위해서는 체계적인 공학설계 과정으로 설계하는 것이 바람직하다. 또한 설계의 모든 과정에는 해결해야 할 문제점들이 항상 존재하므로 문제해결을 위한 아이디어 발상, 최적 아이디어 창출, 효율적인 실행 등에 도움을 줄 수 있는 '창의적 사고기법' 도 습득할 필요가 있다. [그림 1-4]는 엔지니어가 갖추어야 할 공학설계 능력을 도식화한 것이다.

원래부터 창의력이 뛰어난 사람과 그렇지 않은 사람이 정해져 있는 것일까? 이

그림 1-4 엔지니어가 갖추어야 할 공학설계 능력

에 대해서는 여러 가지 견해가 있지만, 보편적으로 받아들여지고 있는 견해는 "창의력은 천부적으로 타고나는 부분도 있지만 교육을 통해서 후천적으로도 계발될 수 있다"는 것이다. "천재는 1퍼센트의 영감과 99퍼센트의 땀으로 이루어진다"는 에디슨의 말과 같이, 창의력도 교육을 통해서 계발될 수 있다.

1퍼센트의 선천적인 능력 때문에 부모나 주위를 원망하며 99퍼센트의 주어진 기회를 잃어버리고 실패하는 어리석은 사람들이 많다. 그러므로 없는 1퍼센트의 천재성을 아쉬워하는 대신에 주어진 99퍼센트의 가능성을 창의력의 원천으로 계발하고자 노력하는 태도가 매우 중요하다. 이러한 태도는 공학설계에서 뿐만 아니라 인생설계에서도 효과적인 방법이며, 인생 성공의 비결로도 활용될 수 있다.

1.2.1 창의력 향상을 위한 태도

창의력에 관해서는 교육학, 철학, 공학, 과학 등의 각 분야에서 다양한 측면으로 연구되어 왔으며, 그 학설도 매우 다양하다. 그러나 여기에서는 엔지니어가 공학설계를 수행하는 과정에서 활용하면 많은 도움이 되는 5가지 기본적 태도에 관해서 간단히 소개한다.

① 관심 집중

미워하고 싸우는 것보다 더 나쁜 것은 '무관심' 이라고 한다. 관심이 없으면 의욕도 없고, 아무런 발전도 기대할 수 없다. 설계 대상이 있고, 설계할 수 있는 기회가 아무에게나 주어지는 것은 아니다. 설계의 대상을 만난 것을 '귀찮은 일' 로 생각하면 관심도 없어진다. 설계할 대상을 발견하고 설계 기회가 주어진 사실에 먼저 감사하는 마음을 갖고, 설계 대상에 관심을 집중하면 창의력이 발생하기 시작한다.

관심을 가지면 자연스럽게 그 설계 대상에 관해서 생각을 하게 되고, 관련된 여러 가지 정보들을 수집하며, 간단히 시험도 해보고, 축적되는 정보와 경험으로 문제해결을 위한 새로운 아이디어가 창출되기 시작한다. 즉, 관심을 가지면 창의력이 계발되기 시작한다. 한 가지에 집중적으로 관심을 쏟으며 자기 계발을 꾸준히 하다 보면, 자신의 관심 분야에서 권위 있는 전문가가 될 가능성이 매우 높다.

② 긍정적인 태도

세상의 모든 일은 항상 긍정적인 면과 부정적인 면이 존재하며, 사람이 어느 면을 보고 생각하든지, 자기가 보고 생각하는 방면으로 정보와 경험이 축적된다. 사람은 축적된 정보와 경험의 방향으로 생각하게 되고, 그 생각한 바와 똑같은 결과를 얻는다. 그래서 잘될 것이라고 생각하면 잘되며, 안 될 것이라고 생각하면 잘되지 않는 경향이 있다.

환경이 나쁘다고 불평하는 사람들이 있으나, 아래의 공식과 같이 환경(E)을 긍정적으로 해석(P)해서 자기에게 유리한 행동(B)으로 옮기면, 위기도 기회로 바꾸어서 성공하게 된다.

$$B = f(P,\ E)$$

B=behavior, P=personality, E=environment

그림 1-5 긍정적 · 부정적 태도의 현재와 미래

공학적 문제에 접근하는 것도 똑같은 원리이며, 반드시 문제를 해결할 수 있다고 생각하고, 해결할 수 있는 정보와 경험들을 축적해나가다 보면 보다 더 좋은 해결안이 떠오르며, 창의력도 더욱 향상된다. 그리고 여러 방면에 긍정적이고 집중적으로 관심을 가지고 많은 노력을 기울이면 남들이 모르는 세계를 점점 더 깊이 알게 되고, 창의력도 더욱 발전하게 된다.

③ 다양한 정보 수집

어떤 일이나 문제 해결이 잘 진행되면 빠지기 쉬운 함정이 있다. 자기 자신의 일처리 방법이 제일 합리적이고, 그 분야에서는 내가 최고 전문가라는 착각이나 자만에 빠지기 쉽다. 모든 사람들은 자기 자신만의 사고의 틀이나 일하는 스타일이 있으며, 이로 인해 배타적으로 되기 쉽다. 이렇게 되면 다른 사람들의 좋은 아이디어를 이해하거나 받아들이지 못하고, 자신의 아이디어에 집착하게 되어 문제 해결이 잘못될 가능성이 높아진다.

문제 해결에 관한 정보가 많고, 다양한 측면에서 접근해야 문제를 보다 더 창의적으로 해결할 수 있다. 그러므로 다른 사람들의 의견이나 비평까지도 너그럽게 받아들이며, 해결할 문제에 관련된 정보를 인터넷, 특허, 문헌 등을 통해 수집해서 더 좋은 문제 해결 방법이 나올 수 있도록 노력해야 한다. 이와 같이 다양한 의견이나 아이디어를 종합적으로 받아들여 활용함으로써 창의력을 확대시킬 수 있다.

④ 팀워크

사람들은 지식, 경험, 능력 등이 똑같을 수 없으며, 매우 다양하기 마련이다. 따라서 팀을 이루어 함께 문제 해결을 위해서 협력하면 매우 다양하게 문제를 해석하고, 많은 양의 정보들을 수집하며, 상승 작용을 얻을 수 있다. 즉, 창의적인 아이디어 창출 능력이 증폭되는 것이다. 혼자 일을 수행할 경우에는 자신감이 부족할 수 있으나, 팀을 이루어 함께하면 자신감이 증대되어 과감히 일을 추진하게 된다.

⑤ 칭찬

앞에서 살펴본 바와 같이 관심 집중, 긍정적인 태도, 다양한 정보 수집, 팀워크를 통해 창의력이 계발되며, 이러한 활동들을 활성화시키는 도구가 바로 칭찬이다.

"칭찬을 하면 고래도 춤을 춘다"는 말과 같이 칭찬을 하면 함께하는 팀원들의 마음이 열리고,. 열린 마음으로부터 새로운 아이디어가 많이 창출되며, 팀워크 활동이 활발히 진행되어 결과적으로 창의력이 매우 높아진다.

반대로 비난, 비평, 불평은 팀원들에게 적대감을 주게 되고, 서로 배타적이 되어 창의력도 고갈되며, 일의 추진력도 저하된다. 그러나 사람들은 이와 같은 부정적 분위기에 쉽게 말려드는 특성이 있으므로, 항상 의식적으로 경계하여 서로 칭찬하는 분위기를 유도해야 한다.

1.2.2 엔지니어의 공학설계 능력

복잡한 기능을 가지고 있으며 다양한 현실적 제한 조건들을 만족시켜야 하는 제품을 설계 제조하기 위해서는 엔지니어는 충분한 능력과 교양이 필요하다. 이런 능력을 스탠포드 대학의 세퍼드 교수팀은 '설계의 기본능력 16가지'로 정리하여 [표 1-1]과 같이 제시하였다.

표 1-1 설계의 기본능력 16가지(스탠포드 대학 세퍼드 교수팀)

1. 의사소통, 협상, 설득하는 능력
2. 효과적인 팀워크 능력
3. 자체 평가를 하고 재고할 수 있는 능력
4. 도표와 시각적 도구를 이용하여 생각을 표현할 수 있는 능력
5. 창의력과 직관적인 능력 배양
6. 정보 탐색과 다양한 자원의 이용 능력
7. 중요한 기술을 구별해내고, 실무에 있어 전문적 변화를 받아들이는 능력
8. 종합을 위한 분석 능력
9. 물리적 세계를 적절한 수학적 모델로 만들 수 있는 능력
10. 경제적, 사회적, 환경적 문제를 함께 생각할 수 있는 능력
11. 문제의 다양한 요구사항을 통합적으로 볼 수 있는 체계적 사고 능력

12. 정답이 없거나(Open-ended) 불확실한 문제를 정확히 규정하여 풀 수 있는 능력
13. 대안을 고려하고 비교 평가할 수 있는 능력
14. 문제해결법의 체계적이고 단계적인 이용 능력과 새로운 문제 해결 방법을 지속적으로 습득할 수 있는 능력
15. 실제로 사용할 수 있는 시제품의 아이디어 창조 능력
16. 만들어진 제품의 문제점 발견과 테스트 능력

앞에서 언급한 바와 같이 공학설계자로서의 엔지니어는 공학이론에 대한 이해 능력을 포함하여 의사소통 능력, 팀워크 능력, 경제 · 사회 · 환경적인 문제의 이해 능력, 문제해결 능력 등을 종합적으로 갖추어야 한다.

1.3 공학설계 능력 배양을 위한 교육과정

우리나라의 기업체에서 신입 엔지니어에게 기대하는 능력과 실제의 능력을 비교한 연구 결과를 보면 다음과 같다. '전공지식과 정보 활용 능력' 에서는 크게 차이가 없으나, '의사소통 능력, 조직 적응력, 책임감, 문제해결 능력 등' 에서 기업체가 기대하는 수준에 크게 미치지 못하였다. 이런 현상은 지금까지의 공학교육이 '학교나 교수의 입장에서 공학 이론 교육에 치중' 된 경향이 많았고, 산업사회에서 필요한 '의사소통 능력, 조직 적응력, 책임감, 문제해결 능력 등' 의 교육에는 소홀하였기 때문이라고 볼 수 있다.

공과대학의 이러한 현상은 이미 선진국에서도 문제가 되었으며, 공학교육을 학교나 교수의 입장이 강조된 '공급자 중심 교육' 으로부터 학생과 사회가 필요로 하는 '수요자 중심 교육' 으로 방향을 전환해야 할 필요성이 대두되었다. 미국에서는 1932년에 미국공학기술인증원(ABET: Accreditation Board for Engineering and

Technology)을 중심으로 '공학교육인증제도'를 운영하여 공학교육 혁신에 성공함으로써, 미국의 공과대학들의 경쟁력을 세계적으로 가장 강하게 만드는 데에 공헌하고 있다. 우리나라에서도 1997년에 한국공학교육인증원(ABEEK: Accreditation Board for Engineering Education of Korea)이 설립되어 공학교육인증제도를 시행하고 있다. 이를 통해서 공과대학의 교육을 '공급자 중심 교육'으로부터 학생과 사회의 요구에 중심을 두는 '수요자 중심 교육'으로 개선하기 위해 노력하고 있다.

ABEEK는 엔지니어가 갖추어야 할 능력을 12가지 학습성과 항목으로 선정하여 사회에서 필요한 능력을 배양하도록 기여하고 있다. 이와 같이 개선된 공학교육을 통해서 공학적 지식뿐만 아니라 산업사회의 일원으로서 필요한 교양과 능력을 갖춘 엔지니어가 배출될 것이다. 참고로 공학인증기준2005(KEC2005)에서 제시한 프로그램 학습성과의 12가지 항목은 [표 1-2]와 같다.

표 1-2 공학인증기준2005(KEC2005)의 프로그램 학습성과

(1) 수학, 기초과학, 공학의 지식과 정보기술을 응용할 수 있는 능력
(2) 자료를 이해하고 분석할 수 있는 능력 및 실험을 계획하고 수행할 수 있는 능력
(3) 현실적 제한조건을 반영하여 시스템, 요소, 공정을 설계할 수 있는 능력
(4) 공학 문제들을 인식하며, 이를 공식화하고 해결할 수 있는 능력
(5) 공학 실무에 필요한 기술, 방법, 도구들을 사용할 수 있는 능력
(6) 복합 학제적 팀의 한 구성원의 역할을 해낼 수 있는 능력
(7) 효과적으로 의사를 전달할 수 있는 능력
(8) 평생교육의 필요성에 대한 인식과 이에 능동적으로 참여할 수 있는 능력
(9) 공학적 해결방안이 세계적, 경제적, 환경적, 사회적 상황에 끼치는 영향을 이해할 수 있는 폭넓은 지식
(10) 시사적 논점들에 대한 기본 지식
(11) 직업적 책임과 윤리적 책임에 대한 인식
(12) 세계문화에 대한 이해와 국제적으로 협동할 수 있는 능력

FRIEND

Freshman's Introductory Engineering Design

제 2장

팀워크

기러기들은 위 그림과 같이, 항상 'V' 자 형태로 무리를 지어서, 즉 팀을 구성하여 날아간다. 왜 팀을 구성하여 날아갈까? 앞에 위치한 기러기의 날개짓이 상승기류를 발생시키기 때문에 뒤의 기러기는 힘이 덜 들고, 결국 혼자 날아갈 때보다 70% 정도 더 멀리 날아갈 수 있다. 그러나 어느 한 기러기가 만일 V자 형태에서 벗어나게 된다면 거센 공기저항을 느끼게 되어 다시 V자 행렬로 복귀하게 된다. 물론 맨 앞의 기러기는 큰 공기저항으로 인해 많은 힘이 들게 된다.

오랜 비행으로 지친 기러기들은 서로를 격려하기 위해 '끼~륵, 끼~륵' 하고 응원의 합창을 하며, 적당한 시점이 되면 맨 앞의 기러기는 뒤에 있는 기러기와 선두의 자리를 바꾼다. 이와 같이 팀 구성원 간의 상호작용을 통하여 협동하는 것을 팀워크라 한다. 어떤 목적을 달성하기 위하여 개인보다 팀을 구성하여 협력하는 것이 더 효율적이다.

공학설계에서도 팀워크의 중요성은 아무리 강조해도 지나치지 않다. 공학설계의 특성상 다양한 분야 간의 협력이 매우 중요하기 때문에 한 명의 엔지니어가 모든 부분을 책임지고 수행하기 어렵다. 따라서 기러기들처럼 팀 구성원들이 유기적인 협력을 해야만 체계적으로 공학설계 과정을 수행할 수 있다.

학습 성과

1. 팀워크의 필요성을 이해할 수 있다.
2. 팀 구성원의 자세를 이해하고 임무를 수행할 수 있다.
3. 팀을 효율적으로 운영할 수 있다.

2.1 팀과 팀워크

2.1.1 생활에서 팀과 팀워크

기러기의 예와 같이 동물들도 천부적으로 팀과 팀워크를 통해서 생존 능력을 향상시키고 서로에게 도움을 준다. “인간은 사회적 동물이다”라는 말과 같이 우리는 끊임없이 다른 사람을 만나고 팀을 구성하고, 인간관계를 형성하면서 살아간다.

우리는 가족, 학교, 직장 등 다양한 공동체에 소속되어 있으며, 우리가 느끼지 못하지만 자기자신과 공동체의 이익을 위하여 함께 노력하고 있다. 이 과정에서 팀워크가 매우 중요하다. 팀워크는 팀 구성원 간의 상호작용을 긍정적인 방향으로 유도한다.

인생은 계속적인 팀 활동의 연속이라고 볼 수 있다. 따라서 팀워크의 중요성을 잘 이해하고 그 기술을 활용할 줄 알면 인생에서 성공할 확률이 상당히 높아진다고 할 수 있다. [그림 2-1]은 대학생들의 설계팀 활동과 직장에서의 팀 활동을 보여주는 그림이다.

설계활동을 하고 있는 대학생

품질혁신을 위해 회의를 하고 있는 회사원

그림 2-1 팀 활동의 여러 가지 모습

2.1.2 공학에서 팀과 팀워크

[그림 2-2]에 나타난 바와 같이, 소가 끌고 다니는 수레와 같이 비교적 간단한 제품은 숙련된 엔지니어 혼자서 만드는 것이 가능하다. 그러나 매우 복잡한 시스템을 갖춘 자동차는 수많은 부품들로 구성되어 있기 때문에 숙련된 엔지니어라 할지라도 혼자서 만드는 것이 불가능하다.

이러한 자동차는 첨단 부품들이 서로 조화롭게 결합되어야만 제작이 가능하다. 그리고 이 자동차가 현대 사회에서 경쟁력을 갖추기 위해서는 '경제성, 환경 적합성, 사회성, 윤리성, 심미성, 생산성, 내구성, 산업표준' 등과 같은 다양한 요구 조건들을 만족시켜야 한다.

이러한 복잡한 요구를 만족시키는 제품을 설계 제작하기 위해서는 다양한 전문가들이 모여서 협력해야만 가능하다. 이와 같이 다양한 능력을 가진 전문가가 공동목표를 달성하기 위해서 모인 집단을 '팀' 이라고 하며, 목표달성을 위해서 팀 구성원 간의 상호작용을 통해서 협력하는 활동을 '팀워크' 라고 한다.

그림 2-2 개인과 팀이 만드는 제품

2.1.3 팀의 종류

팀의 종류를 분류하는 방법은 다양하지만, 여기에서는 '하는 일의 종류' 에 따라서 분류하였다.

하는 일의 종류에 따른 분류로는 인사팀, 관리팀, 생산팀, 기술팀, 설계팀, 개선

팀 등이 있다. 특히, 설계팀이나 개선팀에서는 엔지니어가 팀 구성원이나 리더로 활동하는 경우가 많다. 이는 엔지니어가 공학적인 문제점을 찾아내서 개선하거나, 새로운 제품을 개발하는 것을 주요 업무로 하고 있기 때문이다.

2.1.4 팀의 특성

팀과 일반적인 조직은 다음과 같은 5가지 측면에서 서로 다른 특성을 가지고 있다.

① 리더십 : 조직은 수직적 구조로 인해 집중된 리더십을 가지고, 팀은 수평적 구조로 인해 구성원 간 공유된 리더십을 가진다.

② 책임 : 조직에서는 개인의 책임이 강조되며, 팀에서는 공동의 책임이 강조된다.

③ 작업 수행 : 조직에서는 개별적으로 작업이 수행되며, 팀에서는 공동으로 작업이 수행된다.

④ 회의 진행 : 조직에서는 폐쇄적인 회의가 진행되며, 팀에서는 개방적인 회의가 진행된다.

⑤ 의사결정 : 조직에서는 상사에 의한 지시 중심의 의사결정이 이루어지며, 팀에서는 구성원 간의 토의 중심으로 의사결정이 이루어진다.

2.2 팀의 구성

2.2.1 팀 구성 인원

팀에서의 원활한 의사소통을 위해서 팀 구성원의 수는 4명이 가장 좋다. [그림 2-3]에서와 같이 팀 구성원이 3명일 때 3회의 의사소통 기회가 발생하며, 팀 구성원이 4명일 때는 6회의 상호 의사소통 기회가 발생하므로 4명일 때가 3명일 때보다 2배 더 많다(Javris, 1993). 그러나 경우에 따라 팀 구성원의 수는 5~6명까지도 가능하다.

그림 2-3 팀 구성원 수에 따른 의사소통의 기회

2.2.2 팀 구성 방법

팀의 시너지 효과를 높이기 위해서는 지식과 경험이 다양한 사람들을 모아 구성하는 것이 좋다. 일반 회사나 정부와 같은 조직에서는 업무가 서로 다른 사람을 균형 있게 지정하여 팀을 구성하거나, 희망자의 지원을 받아서 팀을 구성한다. 학생들의 특성을 잘 모르는 상태에서 공학설계를 위한 팀의 구성에서는 허만(Ned Herrmann)의 '두뇌우성 모형' 이론에 근거한 팀 구성 방법을 활용할 수 있다.

2.2.3 공학설계 팀 구성 예시

허만의 '두뇌우성모형' 이론에 근거한 팀 구성 방법의 예시는 다음과 같다.

(1) 팀 구성원 수 : 4~6명

(2) 사고유형 검사

2.2.5의 사고유형 검사지를 활용하여 개인의 사고유형을 검사한다.

(3) 팀 구성 원칙

① 한 팀 내에 남자, 여자가 가능한 한 균등하게 분포되도록 한다.

② 사고유형이 서로 다른 학생들로 구성하도록 한다.

③ 위의 두 원칙이 지켜지는 범위에서 학생 스스로 팀을 선택한다.

(4) 팀 구성 절차

① 사고유형 검사를 수행한다.

② 사고유형 검사지를 분석한다.

③ 사고유형 검사의 분석 결과를 토대로 사고 유형을 그린다.

④ 팀 구성 원칙을 고려하여 [표 2-1]의 팀 구성표에 학생 스스로가 각 팀의 공란에 이름을 기입한다.

표 2-1 팀 구성표

구분	1팀	2팀	3팀	4팀	5팀	6팀	7팀	8팀	9팀	10팀
A										
B										
C										
D										

2.2.4 허만의 두뇌우성모형

사람들은 사고 선호도가 서로 다르며, 따라서 의사소통 방법, 문제해결 방법, 아이디어 창출 방법 등이 서로 다르다. 허만의 연구에 의하면, 지식과 경험이 다른 사람들은 두뇌를 주로 많이 사용하는 부위가 서로 다르며, 두뇌를 4개 분면으로 구분할 때 각 개인은 하나 이상의 우성을 보여준다. 두뇌우성모형에서는 두뇌를 좌뇌, 우뇌, 좌뇌변연계, 우뇌변연계로 구분한 뒤 주로 많이 사용하는 부위별로 [그림 2-4]와 같이 A(좌뇌반구), B(좌뇌변연계), C(우뇌변연계), D(우뇌반구)로 나누어 모형을 만들었다.

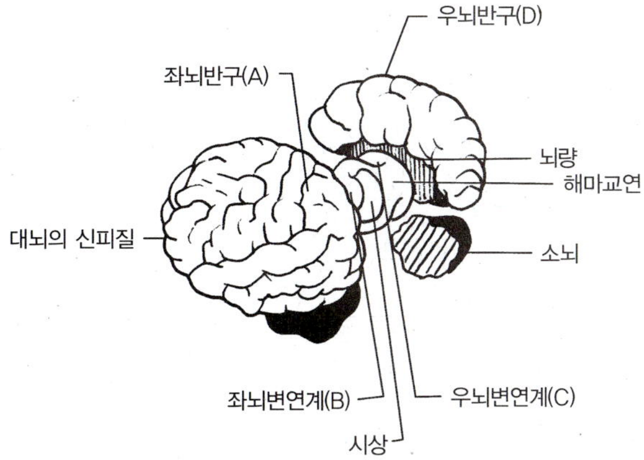

그림 2-4 허만의 두뇌우성모형

그러나 사람의 두뇌우성모형을 A, B, C, D 타입 등으로 완전히 구분해서 편견을 갖는 것은 바람직하지 않으며, 어떤 타입이 우성을 보이는가에 따라서 서로 다른 특성이 있으므로 자기개발에 참고하는 것이 좋다.

- A타입 : 이성적, 실제적, 분석적, 비판적, 논리적 경향
- B타입 : 계획적, 조직적, 관료적, 보수적, 구조적 경향
- C타입 : 외향적, 사교적, 감정적, 인간적, 협동적 경향
- D타입 : 직관적, 혁신적, 창의적, 시각적, 모험적 경향

사람은 어떤 한 가지 타입만을 가질 수는 없고, 여러 가지 타입의 특성을 함께 보이면서 어느 한 타입의 특성이 다른 타입보다 더 우세하게 나타나는 것이 보통이다. 그리고 여러 가지 타입의 특성을 모두 비슷한 수준으로 나타내는 사람도 있는데 이런 타입을 '다중특성'을 나타낸다고 한다.

2.2.5 사고유형 검사지

허만의 두뇌우성모형 이론에 근거한 간이 '사고유형 검사지'를 소개하면 다음과 같다.

나의 사고유형 확인하기

( )과 학번 : 성명 :

※ 다음 문항 중 예시와 같이 1~13번까지 a~d에서 가장 선호하는 순서로 4점부터 1점까지 점수를 쓰시오.

문항	점수 및 보기
예시 4 나는 이런 것을 좋아한다.	(1) a. 교재를 읽는 것을 좋아한다.
	(4) b. 실험을 단계별로 하는 것을 좋아한다.
	(2) c. 말하고 관찰하고, 검증하고, 듣는 것을 좋아한다.
	(3) d. 말보다는 시각자료를 이용한다.

문항	점수 및 보기
1 프로젝트를 시작하는 과정에서 다음과 같은 역할을 선호한다.	( ) a. 데이터와 정보를 살펴본다.
	( ) b. 체계적으로 해답과 대안을 찾는다.
	( ) c. 다른 사람들의 의견을 듣고 아이디어와 직관력을 공유한다.
	( ) d. 세밀한 부분보다 전체 그림과 내용을 바라본다.
2 숙제를 하는 경우 나는	( ) a. 상세한 것보다는 전체 틀에서 정보를 논리적으로 정한다.
	( ) b. 숙제를 세밀하게, 깔끔하게, 성실하게 처리한다.
	( ) c. 이유를 묻고 각각의 의미를 살펴보며, 자신에게 동기를 부여한다.
	( ) d. 학습을 보다 흥미롭게 만들기 위해 활발하게 주도권을 잡고 일한다.
3 새로운 자료를 공부하는 경우에 당신은 다음을 선호한다.	( ) a. 정보를 주는 강의를 듣는다.
	( ) b. 결점과 단점을 찾아내기 위해 이론과 절차를 검증한다.
	( ) c. 목적에 맞는 단서를 찾아내기 위해 서문을 읽는다.
	( ) d. 묘사를 해보고 만일 이러하면 어떤 일이 일어날까를 생각한다.

4 나는 이런 것을 좋아한다.	( ) a. 교재를 읽는 것을 좋아한다. ( ) b. 실험을 단계별로 하는 것을 좋아한다. ( ) c. 말하고 관찰하고, 검증하고, 듣는 것을 좋아한다. ( ) d. 말보다는 시각자료를 이용한다.
5 새로운 자료를 공부하는데 있어 나는 다음을 선호한다.	( ) a. 예제문제와 해답을 분석한다. ( ) b. 실험결과에 대한 순차적인 보고서를 쓴다. ( ) c. 만져보고 관찰하여 바로 해보는 학습을 좋아한다. ( ) d. 해가 없는 문제를 골라 몇 가지 해를 찾는다.
6 문제를 풀 때와 풀고 나서 나는	( ) a. 아이디어들을 이성적으로 생각해본다. ( ) b. 배운 지식들의 실제 활용을 생각해본다. 이론은 충분하지 않다고 생각한다. ( ) c. 그룹으로 탐구하는 기회와 그룹 토의하는 것을 활용한다. ( ) d. 문제의 독특함과 그 해결책이 탁월함을 음미한다.
7 나는 이런 것을 선호한다.	( ) a. 과학적인 방법을 가지고 연구한다. ( ) b. 예제 소프트웨어를 가지고 컴퓨터를 활용한다. ( ) c. 그룹으로 공부하는 기회와 그룹 토의하는 것을 활용한다. ( ) d. 다양한 아이디어를 받아들이는 브레인스토밍 세션을 주도한다.
8 프로젝트를 추진함에 있어 다음에서 내가 선호하는 것은?	( ) a. 가설을 설정하고 옳고 그름을 검증한다. ( ) b. 프로젝트와 추진일정을 설계하고 주어진 일정에 맞추어 일을 추진한다. ( ) c. 실험에서 관찰한 바를 철저하게 기록한다. ( ) d. 아이디어와 그 가능성에 대해 실험한다.
9 나는 흔히 다음과 같은 방법으로서 새로운 아이디어를 흡수한다.	( ) a. 완벽한 상황에 적용해서 ( ) b. 주도면밀한 분석을 집중해서 수행함으로써 ( ) c. 다른 아이디어와 비교 분석해서 ( ) d. 현재 또는 미래의 활동과 연계해서
10 스스로 학습 자료를 읽을 때 다음에 집중한다.	( ) a. 정보로부터 추출한 아이디어 ( ) b. 정보에 의해 지지되는 새로운 발견의 진실 ( ) c. 추천이 되어 있는지의 여부 ( ) d. 결론과 경험의 상관관계

11 사람들이 토론하는 경우에 나는 이런 편을 선호한다.	( ) a. 사실과 논리에 입각한 아이디어를 제시하는 편
	( ) b. 논쟁을 가장 강력하게 단순하게 표현하는 편
	( ) c. 자신의 개인적인 의견을 반영하는 편
	( ) d. 앞으로의 일로 전체 그림을 그려주는 편

12 새로운 선택을 하는 경우에 대부분 다음에 근거한다.	( ) a. 미래의 가능성보다는 실제와 현재 상황
	( ) b. 세밀하고 완벽한 연구결과
	( ) c. 사람들과의 대화
	( ) d. 직감

13 문제를 분석할 때 다음과 같이 하는 경향이 있다.	( ) a. 문제를 좀더 확장된 문제 또는 이론으로 연결하려고 한다.
	( ) b. 문제를 해결하는 가장 최적의 절차를 찾는다.
	( ) c. 다른 사람들은 이 문제를 어떻게 해결했는지 상상해본다.
	( ) d. 문제의 독특함과 그 해결책이 탁월함을 음미한다.

※ 다음 14~17번까지는 자신이 해당되는 문항 한 개당 1점으로 하여 점수를 쓰시오.

예시 14번에 자신이 해당되는 문항이 7개라면, 점수에 7점을 쓰시오.

14. 점수 : [ ]

- 데이터와 정보를 찾는다. 도서관 검색을 한다.
- 정보를 전체 틀 안에서 논리적으로 정리한다.
- 정보를 주는 강의를 듣는다.
- 교재를 읽는다.
- 예제 문제를 공부한다.
- 아이디어들을 생각한다.
- 가설을 설정하고 옳고 그름을 검증한다.
- 사실과 기준 그리고 논리적인 사고에 근거하여 아이디어들을 판단한다.
- 기술적이고 재정적인 사례연구를 수행한다.
- 비용이 얼마나 소요될지에 대해 알아본다.
- 수학과 정보처리를 위해 컴퓨터를 활용한다.

15. 점수 : [   ]

- 즉흥적으로 하지 않고 지침에 정확하게 따라간다.
- 결점과 단점을 찾아내기 위해 이론과 절차를 검증한다.
- 실험실 작업을 순서대로 수행한다.
- 상세한 강의를 듣는다.
- 상세하고 세밀한 노트 필기를 한다.
- 정해진 일정에 따라 정돈된 환경에서 공부한다.
- 상세한 예산을 세운다.
- 반복 작업을 통해 새로운 기술을 실습한다.
- 과제에 대해 어떻게 해결하는가에 대한 설명서를 쓴다.
- 예제 소프트웨어를 가지고 컴퓨터를 사용한다.
- 새로 배운 지식의 실제적인 사용처를 모색한다.

16. 점수 : [   ]

- 다른 사람들의 아이디어를 듣고 공유한다.
- 감정적이고 영적인 가치를 기록하는 일기를 가지고 있다.
- 음악을 틀어놓고 공부한다.
- 다른 사람의 권리와 의견을 존중한다.
- 인간은 물건이 아니라 중요한 존재임을 인식한다.
- 몸짓을 통해 시각적인 암시를 준다.
- 도구나 물체를 직접 다루거나 접촉을 통해 배우는 것을 즐긴다.
- 모험영화보다는 로맨틱한 영화나 드라마 보기를 좋아한다.
- 감각적인 입력을 통해 배운다. (즉, 오감을 통해)
- '왜' 라는 질문과 사적인 의미를 모색해 자신에게 동기부여를 한다.
- 여행을 하면서 다른 사람을 만나고 그들의 문화에 대해 배운다.

17. 점수 : [ ]

– 새로운 주제의 세밀한 부분이 아닌 전체 그림과 내용을 그려본다.

– 학습효과를 높이기 위해 활발하게 활동에 참여한다.

– 답이 없는 문제를 택하여 가능한 해결책을 모색한다.

– 경향에 대해 생각해본다.

– 앞으로의 일과 장기적인 목표에 대해 생각해본다.

– 세밀한 부분에 신경 쓰지 않고 발명품의 탁월함에 대한 경외감을 표시한다.

– 새로운 것을 만들기 위해 아이디어들과 정보를 종합한다.

– 해결책을 찾기 위해 직감에 의지한다.

– 미래의 기술이 어떻게 될 것인지에 대해 예견한다.

– 해결책을 찾는 다른 방법들을 생각해본다.

– 배울 때 말보다는 그림을 사용한다.

점수 계산하기

※1~17번까지 작성한 점수표를 옮겨 쓰고, 점수를 계산하시오.

문항	a	b	c	d	문항	a	b	c	d
1					8				
2					9				
3					10				
4					11				
5					12				
6					13				
7					합계				

유목	1-13번(Ⅰ)	14-17번(Ⅱ)	사고유형점수(Ⅰ+Ⅱ)
a의 총점		14번 (　　)점×4=(　　)점	
b의 총점		15번 (　　)점×4=(　　)점	
c의 총점		16번 (　　)점×4=(　　)점	
d의 총점		17번 (　　)점×4=(　　)점	

그래프 그리기

A

B  D

C

작성자 : ________ 대학교 ________ 학과 학번 ____________ 성명 ____________

2.3 팀 구성원의 자세와 임무

2.3.1 팀 구성원의 자세

사람은 항상 크고 작은 팀에 소속되어 살아가고 있다. 즉, 작게는 가족으로부터 크게는 회사에 이르기까지 팀에 소속되어서 활동한다. 엔지니어는 공학설계를 위한 팀에 소속되고, 팀 구성원으로서의 역할을 수행해야 한다. 팀 구성원으로서 성공적인 역할 수행을 위해서 다음에 제시한 '팀 구성원으로서 갖추어야 할 7가지 자세' 를 숙지하면 도움이 된다.

① 항상 긍정적인 사고와 책임감을 갖는다.
② 토의나 일에 자발적으로 참여한다.
③ 맡은 일을 기한 내에 마무리한다.
④ 다른 팀 구성원의 의견을 경청한다.
⑤ 다른 팀 구성원의 장점을 인정한다.
⑥ 자신의 의견을 분명하게 표현한다.
⑦ 팀 구성원 간에 충고를 겸허하게 주고받는다.

그림 2-5 팀 구성원의 자세

[그림 2-5]에 나타낸 바와 같이 바람직한 팀 구성원의 자세는 공학설계에서 뿐만 아니라 인생에서도 성공을 위한 밑거름이 된다.

2.3.2 팀 구성원의 임무 분담

팀의 목표를 성공적으로 달성하기 위해서는, 다양한 경험과 지식을 가진 팀 구성원들의 능력이 효율적으로 발휘되어야 한다. 즉, 팀 구성원의 임무는 팀의 목표 달성에 부합하고, 팀 협력을 원활히 하며, 창의력이 높아질 수 있도록 분담해야 한다. [그림 2-6]은 팀의 목표 달성을 위한 팀 구성원의 임무 분담을 나타낸 것이다.

그림 2-6 팀의 목표 달성을 위한 팀 구성원의 임무 분담

원활한 팀의 운영을 위해서 팀 구성원이 다양한 임무 수행 경험을 쌓는 것이 중요하다. 이를 위해서는 프로젝트별로 임무를 교체 수행하는 것이 바람직하다.

팀 구성원의 임무는 리더, 서기, 회계, 추진자, 화합자, 정보제공자 등으로 구분한다. 팀 구성원 수에 따라서 여러 임무를 합하여 이에 합당한 임무 명칭을 사용할 수도 있다. 토의를 통해서 임무가 정해지면 임무 담당자를 기록하고, 각 담당자는 임무표에 자신의 임무를 성실히 수행하겠다는 의미로 직접 서명을 한다. [표 2-2]는 팀 구성원 임무표의 예시를 제시한 것이다.

표 2-2 팀 구성원 임무의 예시

임 무	임무 내용	담당자	서명
리더	팀 활동의 목표를 제시한다. 목표 달성을 위한 방향으로 팀을 이끈다. 팀 회의를 소집하고 주관한다.		
서기	팀 구성원들의 의견을 기록하고 보관한다.		
회계	팀의 재무를 담당한다.		
추진자	팀워크에 어려움이 있을 때 돌파구를 만든다.		
화합자	즐거운 팀워크가 되도록 한다.		
정보제공자	정보와 자료 준비를 한다.		

2.4 팀의 운영

2.4.1 팀 규칙

팀은 서로 특성이 다른 구성원들이 함께 토의를 하여 주어진 문제에 관해서 다양한 아이디어를 창출하고, 결론을 도출하며, 결론을 실행해서 결과를 얻는 과정을 수행하게 된다. 팀 활동에서는 서로 다른 의견이 있고, 갈등이 생기며, 일의 진행이 어려워지는 경우가 있다. 따라서 팀이 구성되면 가장 먼저 구성원들이 지켜야 할 규칙을 정하고, 전원이 합의하여 갈등이 일어나더라도 원만히 해결할 수 있도록 약속을 할 필요가 있다. 정해진 규칙은 전원이 자필로 서명하도록 한다. 팀 규칙을 정할 때는 너무 자세한 내용보다는 팀워크가 긍정적으로 진행될 수 있는 범위 내에서 기본적인 내용만 다룬다.

그림 2-7 팀 규칙 정하기

팀 활동에서 적용 가능한 팀 규칙의 사례를 제시하면 다음과 같다.

팀 규칙 사례

① 회의 시작은 서로 칭찬하는 말과 박수로 시작한다.
② 회의 시간 5분 전에 회의에 참석한다. 만일 늦을 경우에는 사전에 통보한다.
③ 팀 회의에서는 1회 이상 의견을 제시한다.
④ 다른 팀 구성원의 발언을 가로막지 않고, 더 좋은 의견으로 발전시킨다.
⑤ 맡은 일은 기한 내에 완수한다.
⑥ 팀의 임무를 자발적으로 맡으며, 임무는 순번제로 한다.
⑦ 회의가 끝나면 내용을 요약해서 발표하고, 다음 회의 일시와 장소를 정한 후 정다운 인사를 하고 헤어진다.

팀 구성원 : ○○○ (서명)
○○○ (서명)
○○○ (서명)
○○○ (서명)
○○○ (서명)

2.4.2 팀 회의 진행 방법

① 팀 회의 준비

• 회의 목적과 범위를 분명히 한다

회의 목적과 내용을 분명히 하고, 참석자의 범위를 정한다. 참석자들에게는 회의 전에 회의 목적과 내용을 알려주어서, 필요한 정보를 미리 파악해서 회의에 참석할 수 있도록 한다.

• 회의 참석자를 확인한다

회의에서 발표해야 하는 팀 구성원은 반드시 참석할 수 있도록 회의 시간 이전에 전화나 이메일 등으로 확인한다. 발표해야 하는 팀 구성원이 참석하기 어려운 경우에는 회의 시간을 변경해서라도 효율적인 회의가 되도록 준비한다. 회의 참석자들은 예정된 시간보다 5분 정도 빨리 도착하는 것이 원활한 회의 진행에 도움이 된다.

• 준비물을 확인한다

회의에 필요한 용품과 다과 등을 빠짐없이 준비하여 확인한다.

• 회의 장소와 시간을 확인한다

팀 구성원들이 편리하게 접근할 수 있는 장소와 시간을 합의해서 정한다. 그리고 회의 장소가 회의 시간에 사용 가능한지를 팀장 또는 담당자가 확인한다. 회의 장소는 분위기가 쾌적한 곳으로 하여 원활한 회의 진행에 도움이 되도록 한다.

② 팀 회의 진행

• 팀 구성원들과 인사를 나눈다

기쁜 마음으로 서로 인사하고, 즐겁고 활발한 대화가 이루어지도록 분위기를 만든다. 팀 구성원끼리 돌아가면서 재미있고 긍정적인 유머를 한 가지씩 준비해서 이야기를 할 수 있으면 바람직하다. 창의적이고 건설적인 아이디어 발상을 위해 자유롭고 긍정적인 분위기를 만든다.

• 회의 주제에 관해서 정보를 공유한다

회의 주제에 관해서 부담 없이 자유로운 대화를 함으로써 정보 공유를 원활하게 한다.

• 창의적인 회의를 위한 방법들을 활용한다

팀 규칙, 브레인스토밍의 네 가지 규칙, 창의적 사고 기법 등을 활용한다.

• 본격적으로 회의를 진행한다

리더의 진행으로 개회를 선언하고, 회의 목적과 내용을 분명하게 제시한다. 모든 팀 구성원들은 의견을 활발하게 제시하며, 서기는 성실하게 내용을 기록하고, 회의 중 또는 회의 후에 회의록(p.49 참조)으로 정리한다. 회의의 주요 내용을 요약해서 팀 구성원들의 의견과 일치하는지를 확인한다.

③ 회의 마무리

• 회의 종료 약 3~5분 전에 남은 시간을 알린다

회의 종료 직전에 좋은 아이디어가 나오는 경우가 많으므로, 미리 회의 종료 시간을 알림으로써 좋은 아이디어가 나올 수 있도록 한다.

• 회의 결과를 요약하여 알린다

합의된 회의 결과를 알려서 오해가 발생하지 않도록 하며, 잘못된 점은 수정할 수 있도록 한다. 또한 해결되지 못한 내용은 다시 준비하여 다음 회의에서 협의될 수 있도록 한다.

• 다음 회의에 관한 약속을 한다

회의 주제, 날짜, 장소 등을 정한다.

• 회의를 종료한다

회의에 참여해서 좋은 의견을 제시해준 팀 구성원들에게 감사의 말을 전하고 다음에도 유익한 회의를 하자는 희망의 공감대를 형성하고, 박수와 함께 회의를 종료한다.

④ 팀 회의록 작성과 활용

팀 회의 결과는 항상 회의록으로 남겨 회의 결과가 빠지거나 잊는 일이 없도록 하며, 다음 회의를 준비할 수 있도록 한다. 또한 팀 회의를 시작할 때는 반드시 지난 회의 결과를 팀 구성원들에게 낭독하여 회의가 연속성을 가질 수 있도록 한다.

표 2-3. 회의록

<table>
<tr><td colspan="4">회 의 록</td></tr>
<tr><td>회의 주제</td><td colspan="3"></td></tr>
<tr><td>회의 일시</td><td>20 . . . : – :</td><td>회의 장소</td><td></td></tr>
<tr><td colspan="4">회의 참석자 (성명, 서명)</td></tr>
<tr><td colspan="4">회의 내용 요약 (참고자료는 첨부)</td></tr>
<tr><td colspan="4">회의 기록자 서명 : (인)</td></tr>
</table>

FRIEND

Freshman's Introductory Engineering Design

제3장

창의적 사고기법

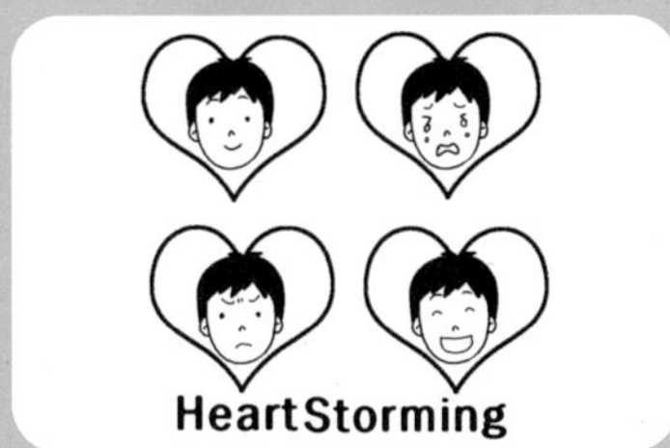

이 시대 이후는 품질보다는 꿈과 감성을 파는 시대인 드림 소사이어티(dream society)가 될 것이며, 드림 소사이어티를 이루기 위해서 현대인은 상상력과 창의력이 어우러진 스토리를 만들어내는 '드림 메이커(dream maker)'가 되어야 한다고 주장한 미래학자(Rolf Jensen, 2005)가 있다.

드림 소사이어티란 시장 욕구가 단순히 물질적인 부를 뛰어넘어 문화 · 가치 · 생각 · 정신과 같은 감성적인 것으로 변한 사회이며, 기능(function)으로 경쟁하지 않고 디자인, 브랜드, 나아가 스토리로 상품을 차별화하는 사회이다. 그러므로 드림 소사이어티에서는 머리로 하는 '브레인스토밍(brainstorming)' 만으로는 고객을 움직일 수 없으며 소비자들의 오감을 자극할 수 있도록 끊임없이 '하트스토밍(heartstorming)'을 해야 한다.

학습 성과

1. 창의적 사고를 이해할 수 있다.
2. 확산적 사고 기법을 활용할 수 있다.
3. 수렴적 사고 기법을 활용할 수 있다.

3.1 개요

사고기법이란 어떤 유형의 사고를 하기 위하여 우리가 의도적, 계획적으로 사용하는 사고의 절차라고 할 수 있다. 사고기법으로는 크게 전통적으로 사용하는 논리적, 분석적, 합리적 사고인 수직적 사고와 드 보노(De Bono)가 주장한 수평적 사고로 구분할 수 있다.

수직적 사고는 모든 것을 맞고–틀리고, 강자–약자, 적군–아군, 상–하 관계 등으로 판단한다. 수평적 사고는 사고의 방향을 수평적으로 계속 확대하여 대안을 생각하게 하는 새로운 사고이며 찾은 대안에 대하여는 옳고 그름을 판단하지 않는다. 해결할 문제가 발생했을 경우, 수직적 사고는 그 문제에 대한 원인을 파악하여 제거하기 위한 사고방식이지만, 수평적 사고는 그 문제점을 해결할 수 있는 대안적 방법을 제시하는 사고방식이다. 예전에는 한 번도 생각해보지 못했던 생각이나 자신만의 독특한 생각은 수직적 사고가 아닌 수평적 사고에서 발생하며, 이 새로운 사고방식이 바로 창의적 사고이다. [그림 3–1]에 나타낸 바와 같이 수직적 사고는 외적으로 표출되는 현상만을 중심으로 생각하고, 수평적 사고는 잠재적인 가능성까지 포함하여 생각하게 된다.

우리가 살고 있는 지식기반사회에서 지식과 정보를 모두 습득한다는 것은 불가

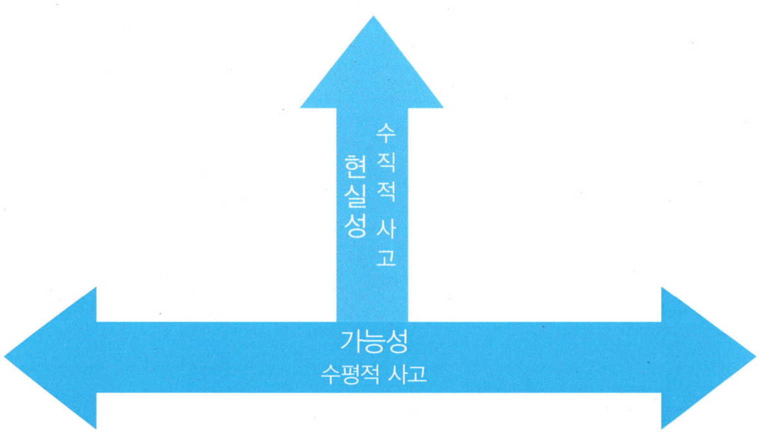

그림 3–1 수직적 사고와 수평적 사고

능할 뿐만 아니라 의미 있는 일이 아니므로 지식의 형성 과정과 그 구조를 이해하고 자기 주도적으로 지식을 재조직할 수 있는 창의적인 능력을 갖추는 것이 무엇보다도 중요하다.

또한 이 시대 이후는 품질보다는 꿈과 감성을 파는 시대인 드림 소사이어티(dream society)가 될 것이며, 드림 소사이어티를 이루기 위해서 현대인은 상상력과 창의력이 어우러진 스토리를 만들어내는 '드림 메이커(dream maker)' 가 되어야 한다고 주장한 미래학자(Rolf Jensen, 2005)가 있다.

드림 소사이어티란 시장 욕구가 단순히 물질적인 부를 뛰어넘어 문화 · 가치 · 생각 · 정신과 같은 감성적인 것으로 변한 사회이며, 기능(function)으로 경쟁하지 않고 디자인, 브랜드, 나아가 스토리로 상품을 차별화하는 사회이다. 그러므로 드림 소사이어티에서는 머리로 하는 '브레인스토밍(brainstorming)' 만으로는 고객을 움직일 수 없으며 소비자들의 오감을 자극할 수 있도록 끊임없이 '하트스토밍(heartstorming : 마음속의 감성을 자극하는 것)' 을 해야 한다. [그림 3-2]는 브레인스토밍과 하트스토밍을 표현한 것이다. 이런 추세는 21세기 들어 이미 진행되고 있으며 감성을 자극하는 마케팅을 추구하는 대표적인 기업으로 나이키와 코카콜라를 들 수 있다. 나이키가 다른 상품보다 더 비싼 값에 팔리는 이유는 품질 외에 소비자들의 감성을 자극하는 스토리가 있기 때문이며 코카콜라 역시 재미, 우정, 로맨스 등을 가미한 리얼한 스토리를 제공한다.

그림 3-2 브레인스토밍과 하트스토밍

창의적 사고는 확산적 사고와 수렴적 사고 혹은 직관적 사고와 논리적 사고 등이 통합된 개념으로 파악된다. 창의적 잠재성은 선천적으로 갖고 태어날 수 있지만 교육에 의해서 후천적으로 일깨워 주어야 한다. 선천성은 매우 중요하지만 교육을 통해서 길러지지 않으면 후천적인 사람보다 못할 수 있다.

창의성 교육에 대한 학계의 입장은 크게 세 가지로 구분할 수 있다. 우선 과학적 프로그램을 통해 창의성 계발이 가능하다고 보는 과학주의적 입장이 있고, 모든 과목을 충실하게 공부하면 창의성이 자연스레 계발될 것이라고 보는 교양교육적 입장이 있으며, 인위적 프로그램보다는 몰입이 있을 때 창의성이 계발된다고 보는 진보주의적 입장이 있다.

과학적 프로그램으로는 브레인스토밍으로 유명한 오스본(Osborn) 박사가 선구자이며, 1950년대 그가 고안한 CPS(Creative Problem Solving)를 비롯해 토랜스(Torrance)가 개발한 FPSP(Future Problem Solving Program), 드보노의 CoRT(Cognitive Research Trust), 구소련에서 개발한 트리즈 등이 있다.

창의성이 발현되기 위해서는 지식의 양, 구조화된 정도, 확산적 사고 과정과 함께 실패를 극복하는 정신력, 스트레스에 대한 저항력, 자기 효능감(self-efficancy) 등 개인의 인성적 특성이 중요하게 영향을 미치는 것으로 밝혀졌다. 또한 실패에도 불구하고 지속적으로 도전할 수 있는 환경, 새로운 것을 가치 있게 수용하는 사회문화 등이 모두 창의성에 중요한 영향을 미치는 것으로 나타났다.

실제로 창의성이란 특정 분야에 수년 동안의 집중적인 참여를 통해서 계발될 수 있으며, 이에 따른 특정 영역 관련 지식, 문제 해결 전략, 동기 등이 매우 중요하게 영향을 미친다는 것이다. 따라서 공학 영역에서도 창의성이란 매우 복합적인 요소의 역동적인 상호 작용을 통해 나타나게 되며 고유한 특성을 가지고 있다고 할 수 있다(정현철, 2008).

창의성 교육의 선구자 길포드(Guilford)는 창의적인 사람들에게 1) 중요한 문제를 감지하고 민감하게 반응하는 민감성, 2) 많은 아이디어를 유창하게 만들어내는 유창성, 3) 한 가지 문제를 여러 각도에서 바라보는 유연성, 4) 적절하지만 새로운 답을 만드는 독창성이 있다고 말했다. 예를 들어 아인슈타인의 일반상대성이론의 발표나 증기기관의 실린더를 동시에 뜨겁고 차게 유지하는 법을 발견한 와트의 증기기관이 공학 분야에서 일어난 창의적 사고의 대표적인 예이다. 특히 와트는 기존에 사용되고 있던 증기기관의 단점, 즉 열효율의 손실을 해결하기 위해 오랜 시간 고민하다가 항상 뜨겁게 유지하는 실린더와 항상 차게 유지하는 콘덴서를 분리함으로써 그 문제를 해결하였다.

와트의 사례에서 보여준 것처럼, 창의적 사고는 기존에 알려진 내용들을 잘 알고 있는 상태에서 몰입적 사고와 그 내용들을 새로운 시각에서 바라보는 과정을 통해 이루어진다. 몰입적 사고와 뛰어난 지적 재능은 위대한 엔지니어의 공통점이다. 우리는 뛰어난 지적 재능은 어찌할 수 없으나 '몰입적 사고방식'은 따라할 수 있다. 몰입의 좋은 예로 미국의 전설적인 홈런 타자인 행크 아론(Henry Louis Aaron)은 다음과 같이 말했다.

> "매일 정신이 아득할 정도로 많은 시간을 연습에 쏟고나면 이상한 능력이 생긴다. 다른 선수들에게는 없는 능력으로, 예를 들면 투수가 공을 던지기 전부터 그 공이 커브냐, 직구냐를 알 수 있고, 날아오는 공이 수박덩어리처럼 크게 보이게 된다."

따라서 우리는 의도적인 훈련과 노력에 의하여 두뇌활동을 극대화할 수 있으며 이로 인하여 창의적 사고 능력이 증대될 수 있다.

이미 알려진 사고기법은 매우 다양하지만 대표적인 확산적 사고기법으로 브레인스토밍, 스캠퍼 기법(SCAMPER method), 트리즈(TRIZ)의 40가지 발명원리를, 수렴적 사고기법으로 하이라이팅(highlighting) 기법, 평가 행렬법(evaluation matrix), PMI(Plus, Minus, Interesting) 기법을 소개하고자 한다. 일반적으로 문제해결 과정에서는 [그림 3-3]과 같이 확산적 사고기법과 수렴적 사고기법을 통하여 최선의 대안을 도출한다.

그림 3-3 최선의 대안을 얻는 절차

3.2 확산적 사고기법

3.2.1 브레인스토밍

브레인스토밍은 1941년 광고회사에 재직한 오스본이 광고 아이디어를 내기 위해 고안한 일종의 회의방식이다. 이 기법은 아이디어의 발상과 평가를 철저히 분리하기 위한 방법으로, 제안된 아이디어에 대한 비판 없이 '열린 마음' 혹은 '자유로운 사고'를 강조한다. 브레인스토밍은 팀별로 사용되는 아이디어 창출 기법으로, 집단의 효과를 살리고 아이디어의 연쇄반응을 불러일으켜 자유분방하게 '질(質)'과 관계없이 가능한 한 많은 아이디어를 생성함으로써 문제의 해결책이나 개선 기회를 찾기 위해 사용한다.

이 기법은 주로 다음과 같은 경우에 적용한다.

- 문제의 근본 원인을 모두 찾으려 할 때
- 문제의 해결책을 찾으려 할 때
- 어떤 개선활동을 해야 할지 결정할 때
- 프로젝트의 각 단계별 계획을 세울 때
- 팀의 창조성을 촉진시키려 할 때
- 공정, 제품, 서비스 등의 개선방안을 찾을 때
- 공정, 제품, 서비스 등의 혁신을 시작할 때

브레인스토밍을 실행할 때는 주의해야 할 사항이 있다. 많이 사용되는 기법이기는 하지만 몇 가지 단점을 가지고 있기 때문이다. 우선 브레인스토밍은 광범위하거나 복잡한 문제일 경우에는 사용하기에 적합하지 않다. 단순하고 명료한 문제에만 사용해야 한다. 또한 문제의 성격상 시행착오를 거쳐야 하는 상황일 경우에는 적합하지 않다. 한 번에 해답을 얻을 수 있는 문제가 적합하다. 마지막으로 브레인스토밍은 리더의 자질이 성패를 좌우할 수 있다. 기본적으로 참가자들에게 의존하는 방법이기는 하나 리더의 능력에 따라 그 결과가 크게 달라질 수 있기 때문이다.

리더는 다음과 같은 역할을 수행한다.

- 기록원의 역할을 병행하기도 한다.
- 해결하려고 하는 문제를 설명한다.
- 브레인스토밍의 네 가지 규칙([표 3-1])을 설명한다.
- 팀원이 문제에 집중하도록 독려한다.
- 네 가지 규칙이 잘 지켜지고 있는지 감독한다.
- 아이디어 창출에 참여하지 않는다.
- 아이디어가 지엽적으로 흐를 때 방향을 전환하도록 유도하여 여러 방면의 아이디어를 내도록 한다.

표 3-1 브레인스토밍의 네 가지 규칙

4S 규칙	내 용
Support	제안된 아이디어를 그대로 받아들인다.
Silly	우스꽝스럽고 엉뚱하고 비현실적인 아이디어를 환영한다.
Speed	정해진 시간 내에 많은 아이디어를 도출한다.
Synergy	다른 사람의 아이디어를 이용하여 새로운 아이디어를 도출한다.

브레인스토밍이 끝난 후 생성해낸 아이디어들을 심사하고 분류하고 평가하는 과정이 필요하다. 이를 위해서 다음에 제시되는 '수렴적 사고 기법' 을 활용하는 것이 효율적이다.

[표 3-2]는 공학설계 교과목의 원활한 운영을 위한 고려 사항을 도출하기 위하여 브레인스토밍을 적용한 사례를 제시한 것이다. [표 3-3]은 〈기억하기 쉽고 발음하기 편하고 의미가 있는 공학설계 교재〉의 영문 약어를 도출하기 위하여 브레인스토밍의 적용 사례를 나타낸 것이다.

표 3-2 Freshman 공학설계 교과목의 원활한 운영을 위한 고려 사항

1) 적절한 설계 주제 발굴	21) 적절한 스튜디오 온도
2) 설계이론과 설계활동의 비율	22) 적절한 스튜디오 습도
3) 좋은 교과서 발굴	23) 인터넷 활용 시설
4) 지속적인 총괄 예산 확보	24) 스튜디오의 조도
5) 설계 경험이 풍부한 강사진 확보	25) 스튜디오의 자연 채광
6) 설계 스튜디오 확보	26) 간식 제공
7) 충분한 설비	27) 강의시간의 분배
8) 필요한 기자재 확보	28) 강의 시각
9) 재료 수납 공간 확보	29) 적절한 팀 구성
10) 원활한 행정 지원	30) 학점 분포
11) TA 확보	31) 평가 기준
12) 설계 작품 전시 공간 확보	32) 학교 차원의 경진대회 후원
13) 학교의 적극적인 의지	33) 작품 제작 기간
14) 공학교육인증 평가	34) 작품 소요 예산
15) 교과목 포트폴리오 작성	35) 분반의 학생 수
16) 적절한 휴식 시간	36) 팀원 수
17) 적절한 과제물	37) 팀의 남녀 성비
18) 안전교육	38) 설계노트 작성법 강의
19) 능동적인 학생으로 분반 편성	39) 적절한 발표 횟수
20) 지속적 강의 품질 개선을 위한 운영	40) 윤리교육

표 3-3 〈기억하기 쉽고 발음하기 편하고 의미가 있는 공학설계 교재의 영문 약어〉 정하기

1) Freshman Engineering Design(FED)
2) Freshman Engineering Design(FrEnD)
3) Freshman's Introductory Engineering Design(FrIEnd)
4) Introduction to Engineering Design for Freshman(InEDeF)
5) Introduction to Creative Engineering Design(ICED)
6) Creative Engineering Design (CED)
7) Creative Engineering Design (CrEnD)

8) Creative Engineering Design for Freshman(CEDF)
9) Introductory Engineering Design for Freshman(IEDF)
10) Engineering Design for Creative Freshman(EDCF)
11) Introduction to Creative Engineering Design for Freshman(ICEDF)
12) Introduction to Freshman Engineering Design(IFED)/(InFED)

3.2.2 스캠퍼

스캠퍼(SCAMPER)는 특정 대상이나 특정 문제에 7가지의 대표적인 질문을 활용하여 사고를 자극함으로써 새로운 아이디어를 얻는 것으로, 밥 에벌러(Bob Eberle)가 오스본(Osborn)의 동사 체크리스트를 재조직하여 만든 사고기법이다. 스캠퍼의 각 내용은 외우기도 쉽고 실생활에 많은 도움을 주기 때문에 창의성 함양에 널리 사용되어 왔다.

스캠퍼는 대체하기(Substitute), 결합하기(Combine), 적용시키기(Adapt), 수정 · 확대 · 축소하기(Modify-Magnify-Minify), 용도 변경하기(Put to other uses), 제거하기(Eliminate), 재정리하기(Rearrange)의 첫 자를 따서 기억하기 좋게 만든 약어로 대상의 용도 개발, 품질 개선, 실용성 증진 등에 유용하다. 또한 주어진 질문의 패턴에 따라 사고를 전개시키므로 문제의식을 습관화할 수 있다.

주로 아이디어의 생성을 위한 확산적 상황에서 많이 쓰인다. 활용 용도를 찾거나 개선, 변형하고자 하는 대상을 선정한 다음 스캠퍼의 7가지 질문을 적용하여 아이디어를 생성한다. 이때 스캠퍼의 질문은 약어의 철자 순서대로 할 필요는 없으며 아이디어의 흐름을 자극할 필요가 있을 때 선택적으로 사용할 수 있다. 스캠퍼 훈련 단계에서는 순서대로 질문에 답하게 하는 방법도 좋다.

[표 3-4]는 스캠퍼의 사고유형별 질문 내용과 예시를 정리한 것이고 [그림 3-4]에 나타낸 그림은 각각의 예시 중에서 첫 번째 예를 표현한 것이다. [표 3-5]와 [표 3-6]은 스캠퍼를 적용하여 아이디어를 도출한 예를 제시한 것이다.

표 3-4 스캠퍼의 사고 유형

약 어	사고 유형	내 용	예
S	대체하기 (Substitute)	제품의 본질적인 기능을 유지하면서 다른 재료, 부품, 에너지 등으로 대체하기	종이컵, 나무젓가락, 고무장갑, 물침대, 태양전지 자동차
C	결합하기 (Combine)	다른 기능을 가지는 두 가지 이상의 제품을 결합하기	지우개 달린 연필, 카메라 내장 핸드폰, 시계 겸용 라디오
A	적용시키기 (Adapt)	다른 물건이나 제품의 기능을 적용하기	장미덩쿨 → 철조망, 산우엉가시 → 벨크로 (Velcro) 돌고래 → 수중음파 탐지기
M	수정 · 확대 · 축소하기 (Modify–Magnify–Minify)	기존 제품을 수정, 확대, 축소하기	Post-it, 워크맨, 공기주입하여 물에 뜨는 비누
P	용도 변경하기 (Put to other uses)	기존 제품의 용도를 변경하기	폐타이어 → 발전소의 원료, 톱밥→장작
E	제거하기 (Eliminate)	기존 제품의 불필요한 부분을 제거하기	씨없는 수박, 녹음 기능을 제거한 재생 전용 카세트인 소니사의 워크맨
R	재정리하기 (Rearrange, Reverse)	기존 제품의 기능 또는 특성을 재정리하거나 역으로 배치하기	장갑 → 다섯 발가락 양말, 누드김밥

그림 3-4 스캠퍼 적용 사례

표 3-5 스캠퍼 기법을 이용한 다기능성 자전거 아이디어

S	기존의 공기 주입식 타이어 대신 바람을 넣지 않는 타이어로 대체
C	에너지 저장장치를 장착하여 핸드폰 충전을 시킴
A	자전거 바퀴회전을 이용하여 솜사탕 기계로 기능을 바꿈
M	커플자전거, 큰 짐을 실을 수 있는 자전거, 어린이 자전거
P	우천 시 헬스 기구로 활용
E	외발 자전거
R	전륜 구동 자전거

표 3-6 스캠퍼 기법을 이용한 새로운 프린터의 아이디어

S	고분자 물질을 이용한 토너로 대체
C	프린터와 전화기의 결합
A	양질의 종이를 적용
M	모양, 크기, 디자인을 수정
P	프린터를 복사기로 사용
E	프린터 통신 케이블을 제거
R	프린터를 스캐너로 사용

3.2.3 TRIZ 사고 기법

TRIZ는 러시아어인 'Teoriya Resheniya Izobretatelskih Zadach'의 약어로 우리말로는 '창의적 문제해결 이론'으로 해석된다.

구소련의 해군에서 특허심사관으로 근무하던 알트슐러(G.S. Altshuller)는 해군에서 재직하던 10여년 동안 수십만 건의 특허를 접하면서 자연스럽게 기술 시스템의 발전과정에 관심을 가지게 되었으며 TRIZ라는 새로운 사고방식의 체계를 수립하였다.

일반적으로 특정 목적 또는 기능을 수행하기 위하여 인위적으로 생성된 유무형의 집합체를 시스템이라고 정의한다. 이 시스템으로는 자동차, TV, 전화기 같은 기술적 시스템이 있고 사회제도, 법률, 마케팅 기법과 같은 비기술적 시스템이 있다. 이러한 시스템들은 기술적, 경제적, 사회적 요구를 수용하며 진화한다.

모든 유형의 시스템은 [그림 3-5]와 같이 진화과정에서 다양한 문제를 극복하며 도입기, 성장기, 성숙기, 쇠퇴기의 S자형 성장곡선에 따라 발전하다가 성장 한계에 도달하면 목적과 기능은 같아도 다른 경쟁 시스템으로 대체된다.

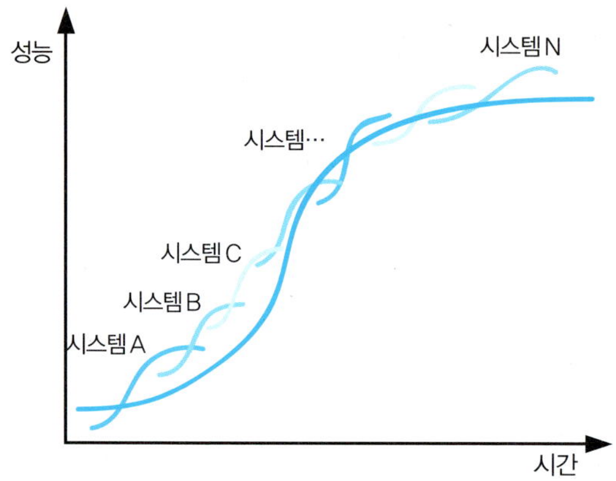

그림 3-5 기술 시스템의 진화과정

시스템의 진화 정도는 다음 식에 의해 정의된 이상성(ideality)으로 표현된다. 이상성은 시스템의 성능을 나타내는 대표적 지표로 활용된다.

$$\text{이상성(ideality)} = \frac{\text{기능}}{(\text{문제} + \text{비용})}$$

일반적으로 이상성이 높은 시스템일수록 진화된 시스템이며 이상성을 증대하는 방향으로 시스템은 진화한다.

알트슐러는 동일한 해결안이 전혀 다른 기술 분야의 문제를 해결하는데 반복적으로 재사용되는 발명원리가 존재하고 있다는 것을 특허를 분석하는 과정에서 발견했다. 그 후 동일한 해결안은 동일한 유형의 문제에 반복적으로 사용된다는 것도 발견하였다. 여기서 동일한 유형의 문제란 문제에 포함된 모순(contradiction)과 요소간의 상호작용이 동일함을 의미한다.

모순은 크게 기술적 모순(technical contradiction)과 물리적 모순(physical contradiction)으로 분류한다. 물리적 모순의 예로는 면도날을 들 수 있다. 면도날은 수염을 잘자르기 위해 날카로워야 하며 동시에 피부 손상을 방지하기 위해 무뎌야 한다.

TRIZ는 물리적 모순의 해결을 위해 분리의 원리(separation principle in time, space, scale, condition)를 제시하였고, 기술적 모순의 해결방법으로 40가지 발명원리(40 Inventive Principles)를 제시하였다. 기술적 모순은 [표 3-7]에서 제시한 39개의 서로 다른 기술적 특성 간의 모순으로 정의된다. 이에 대한 이해를 돕기 위해 [그림 3-6]에서 [그림 3-45]까지 각각의 사례를 그림으로 표현하였다. 문제해결자의 경험이나 지식 수준에 의존하는 브레인스토밍과는 달리 TRIZ는 문제해결 과정에서 특허 분석형 접근으로 시행착오(trial & error)를 최소화한다.

최대한의 아이디어를 창출하기 위한 방법으로 먼저 자유로운 사고를 통한 브레인스토밍을 한 후, 강제로 사고를 자극하는 방법인 SCAMPER를 활용하고, 여기에 추가하여 40가지 발명원리를 활용하는 것이 가장 이상적이다.

표 3-7 39가지 기술적 특성(Parameter)

1. 이동물체의 무게 (Weight of moving object)	21. 출력(Power)
2. 정지물체의 무게 (Weight of non moving object)	22. 에너지 낭비 (Waste of energy)
3. 이동물체의 길이 (Length of moving object)	23. 물질 낭비 (Waste of substance)
4. 정지물체의 길이 (Length of non moving object)	24. 정보 손실 (Loss of information)
5. 이동물체의 면적 (Area of moving object)	25. 시간 낭비 (Waste of time)
6. 정지물체의 면적 (Area of non moving object)	26. 물질의 양 (Amount of substance)
7. 이동물체의 체적 (Volume of moving object)	27. 신뢰성(Reliability)
8. 정지물체의 체적 (Volume of non moving object)	28. 측정의 정확도 (Accuracy of measurement)
9. 속력(Speed)	29. 제조의 정확도 (Accuracy of manufacturing)
10. 힘(Force)	30. 물체가 받는 유해요인 (Harmful factors acting on object)
11. 응력/압력(Tension / Pressure)	31. 유해한 부작용 (Harmful side effects)
12. 모양(Shape)	32. 제조의 용이성 (Manufacturability)
13. 물체의 안정성 (Stability of object)	33. 사용의 편의성 (Convenience of use)
14. 강도(Strength)	34. 수리의 용이성 (Reparablility)
15. 이동물체의 내구성 (Durability of moving object)	35. 적응성(Adaptability)
16. 정지물체의 내구성 (Durability of non moving object)	36. 도구의 복잡성 (Complexity of device)
17. 온도(Temperature)	37. 조절의 복잡성 (Complexity of control)
18. 조도(Brightness)	38. 자동화의 수준 (Level of automation)
19. 이동물체의 에너지 소비 (Energy spent by moving object)	39. 생산성(Productivity)
20. 정지물체의 에너지 소비 (Energy spent by non moving object)	

발명원리	1. 나누어 사용함[분할(Segmentation)]
사례	 조립하기 쉬운 의자

그림 3-6 발명원리 1

발명원리	2. 필요한 요소만 뽑아냄[추출(Extraction)]
사례	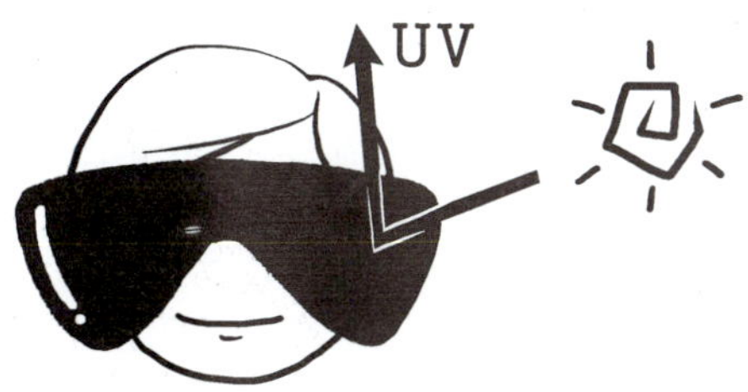 UV를 통과시키지 않는 선글래스

그림 3-7 발명원리 2

발명원리	3. 전체 품질을 똑같게 할 필요는 없음[국부적 성질(Local Quality)]
사례	 지우개가 달린 연필

그림 3-8 발명원리 3

발명원리	4. 대칭을 비대칭으로, 비대칭이면 더 비대칭으로 변환한다[비대칭(Asymmetry)]
사례	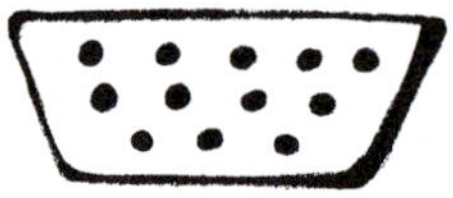 컴퓨터 시리얼 포트

그림 3-9 발명원리 4

발명원리	5. 여러 작업을 동시에 함[통합(Consolidation)]
사례	 뉴질랜드 원주민이 배 두 개를 막대로 연결해 물고기를 잡거나 화물을 나르는 쌍둥선(Catamaran)

그림 3-10 발명원리 5

발명원리	6. 하나의 제품으로 여러 기능을 발휘함[다기능(Multifunction)]
사례	 가위, 칼 등 여러 기능을 하는 도구

그림 3-11 발명원리 6

발명원리	7. 계속해서 다른 물체 내부에 넣기[포개기(Nesting)]
사례	 여행용 코펠 세트

그림 3-12 발명원리 7

발명원리	8. 다른 요소를 사용하여 무게를 상쇄함[무게 상쇄(Anti-weight)]
사례	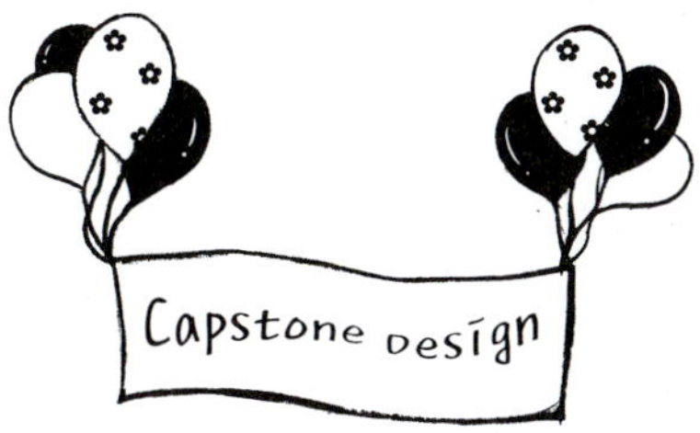 플래카드 위에 풍선 달기

그림 3-13 발명원리 8

발명원리	9. 미리 반대 작용 취하기[사전 반대 작용(Prior Counteraction)]
사례	 줄무늬를 만들기 위해 미리 줄무늬의 테이프를 붙인 후 페인팅하고 테이프를 떼어 낸다.

그림 3-14 발명원리 9

발명원리	10. 미리 작용 취하기[사전 작용(Prior Action)]
사례	 색연필 안에 미리 실을 넣어서 깎아 쓰기 편리함

그림 3-15 발명원리 10

발명원리	11. 미리 예방 조치를 취한다[사전 예방 조치(Cushion in advance)]
사례	 에어백 장착 오토바이

그림 3-16 발명원리 11

발명원리	12. 물체의 상하 조절 없이 작업조건을 변화 시킨다[눈높이 맞추기(Equipotentiality)]
사례	 Anglepoise lamp는 스프링에 저장된 중력에너지를 변화시킨다.

그림 3-17 발명원리 12

발명원리	13. 반대로 해본다[반대로 하기(Do it in reverse)]
사례	 바닥이 움직이는 러닝머신

그림 3-18 발명원리 13

발명원리	14. 직선을 곡선으로 바꾸어 본다[곡선화(Spheroidality)]
사례	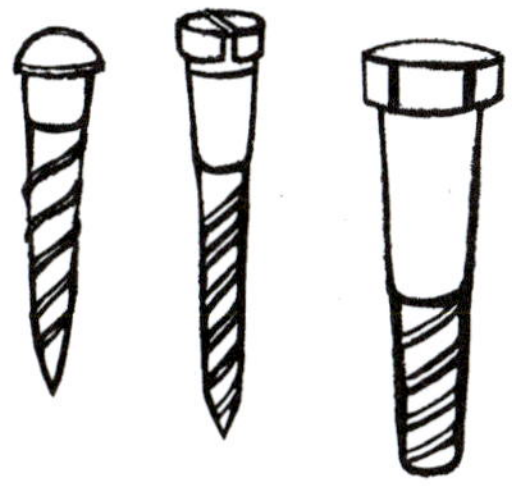 못을 나사못으로 만들어 굴곡을 갖도록 한다.

그림 3-19 발명원리 14

발명원리	15. 역동성을 증가시킨다[역동성(Dynamics)]
사례	 버스와 버스 사이의 이음새를 유연하게 하여 좁은 공간에서도 원활히 움직일 수 있는 굴절버스

그림 3-20 발명원리 15

발명원리 16. 지나치게 하거나 부족하게 한다[초과나 부족 조치(Partial or Excess action)]

사례

하트 도형을 정확하게 페인팅할 수 없을 경우에는 과하게 주변까지 스프레이로 뿌린 다음 하트 도형 주변을 지운다.

그림 3-21 발명원리 16

발명원리 17. 선을 평면으로, 평면을 입체로 차원을 바꾼다[다른 차원(Another Dimension)]

사례

전화선을 나선형으로 차원을 바꾼다.

그림 3-22 발명원리 17

발명원리 18. 진동을 이용한다[기계적 진동(Mechanical Vibration)]

사례

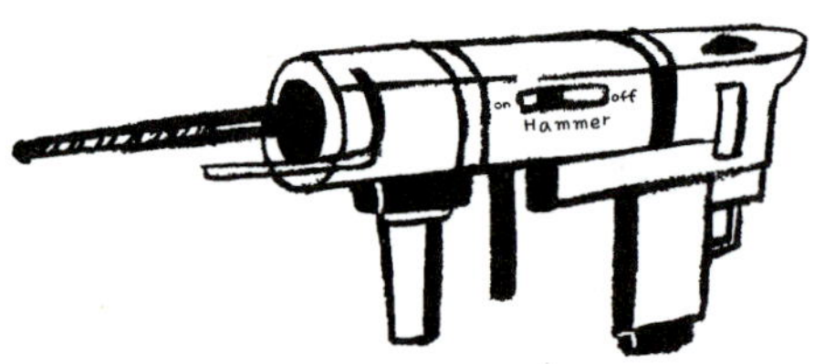

벽을 뚫어서 구멍을 내는 드릴에 기계적인 진동 역할을 하는 해머를 복합한 해머드릴

그림 3-23 발명원리 18

발명원리 19. 연속적이 아닌 주기적으로 작용한다[주기적 작용(Periodic Action)]

사례

연속적이 아닌 점과 줄로 표시하는 Morse Code

그림 3-24 발명원리 19

발명원리 20. 유용한 작용은 연속적으로 한다[유용한 조치의 지속 유지(Continuity of useful action)]

사례

카약(Kayak)은 recovery stroke를 활용하기 위하여
양쪽에 날이 있는 노(double paddle)를 사용한다. 카누와 비슷하지만
카누는 한쪽에만 날이 있는 노(single paddle)를 사용한다.

그림 3-25 발명원리 20

발명원리 21. 순식간에 해버리기[고속 실행(Rushing Through)]

사례

여름철 몸매를 자랑하기 위해 털 뽑을 곳에 왁스를 발라 굳어지게 한 뒤 털과
함께 뜯어내는 왁싱을 할 때 순식간에 뜯어내기

그림 3-26 발명원리 21

발명원리 22. 유해한 것을 좋은 것으로 바꾸기[단점의 장점 전환(Blessing in Disguise)]

사례

예방접종은 독으로 독을 제압하는 방법이다.

그림 3-27 발명원리 22

발명원리 23. 피드백의 원리[피드백(Feedback)]

사례

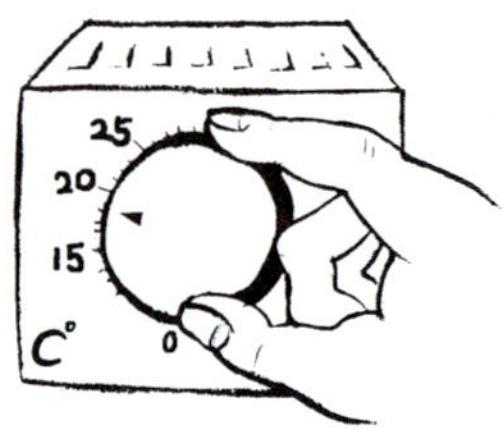

자동 온도 조절 장치(thermostat)는 정확하게 온도를 조절한다.

그림 3-28 발명원리 23

발명원리 24. 직접하지 않고 중간 매개물을 이용한다[매개물 이용(Intermediary)]

사례

딱딱한 돌을 깨기 위해 중간 매개물로 정을 이용한다.

그림 3-29 발명원리 24

발명원리	25. 스스로하기[셀프서비스(Self-service)]
사례	 자전거 페달을 열심히 밟으면 전구에 불이 들어온다.

그림 3-30 발명원리 25

발명원리	26. 복제품 만들기[복사하기(Copying)]
사례	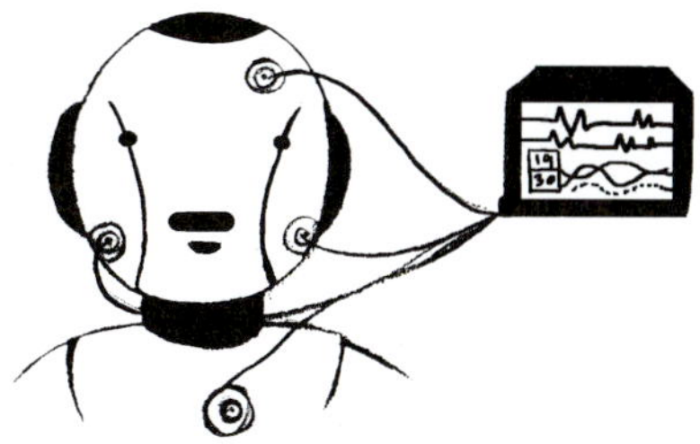 실험용 인형

그림 3-31 발명원리 26

발명원리	27. 값싸고 수명이 짧은 것으로 대체한다[값싼 일회용 물건(Cheap Short-Living Objects)]
사례	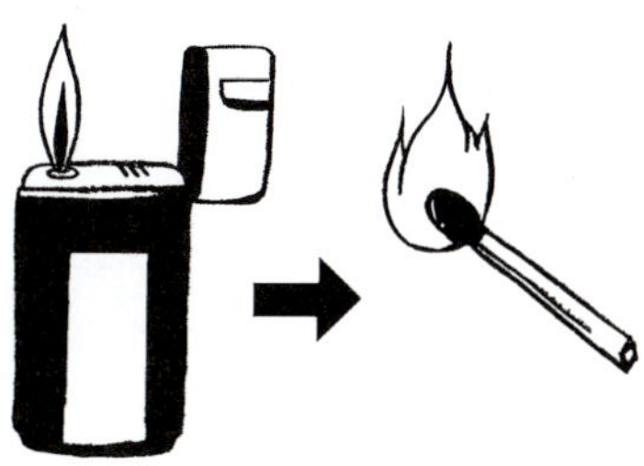 라이터를 값싸고 수명이 짧은 성냥으로 대체

그림 3-32 발명원리 27

발명원리	28. 기계적 시스템을 다른 것을 활용하여 작동하는 원리[다른 감각, 방식 대체(Replace Mechanical System)]
사례	 열쇠 대신 지문인식 이용

그림 3-33 발명원리 28

발명원리	29. 유체를 이용한다[공기압과 수압 이용(Pneumatics and Hydraulics)]
사례	 수륙양용 공기부양선(Hovercraft)은 프로펠러가 강하게 회전하면서 바깥의 공기를 빨아들여 압축시킨 다음 공기주머니(스커트)에 가두면서 밑바닥 전체에 일정한 압력이 생기도록 아래로 분사하여 양력으로 선체를 바닥보다 약간 위로 띄운다.

그림 3-34 발명원리 29

발명원리	30. 얇은 막과 필름을 이용한다[얇은 막과 필름(Flexible membranes/Thin films)]
사례	 자동차 썬팅이 필름을 이용하는 좋은 예이다.

그림 3-35 발명원리 30

발명원리	31. 다공성 물질 이용[다공성 물질(Porous Materials)]
사례	 꽂꽂이용 오아시스(oasis)는 다공성 물질의 대표적인 예이다.

그림 3-36 발명원리 31

발명원리	32. 색깔 변화를 한다[색깔변화(Color Change)]
사례	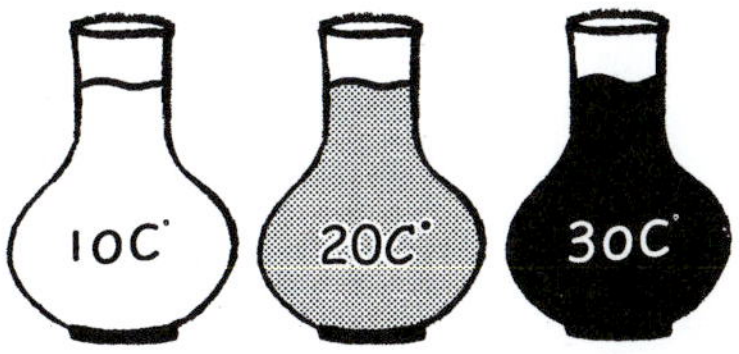 온도에 따라 변하는 염료

그림 3-37 발명원리 32

발명원리	33. 동질성을 이용한다[동질성(Homogeneity)]
사례	 물이 아닌 같은 음료로 얼린 얼음으로 시원한 음료 만들기

그림 3-38 발명원리 33

발명원리	34. 다 쓴 것은 버리거나 재생한다[폐기와 재생(Discarding and Recovering)]
사례	 Propelling pencil(Mechanical pencil)이 예이다.

그림 3-39 발명원리 34

발명원리	35. 물질의 특성을 변화시킨다[특성의 변환(Parameter Change)]
사례	 압력을 변화시켜서 음식을 빠르고 맛있게 조리한다.

그림 3-40 발명원리 35

발명원리	36. 온도 · 압력 · 자기장 등의 변화에 따라 물질의 상태가 변한다[상전이 원리(Phase transition)]
사례	 드라이아이스는 대기압 하에서는 액체가 되지 않고 고체에서 기체의 이산화탄소가 된다.

그림 3-41 발명원리 36

발명원리	37. 열팽창을 이용한다[열팽창(Thermal Expansion)]
사례	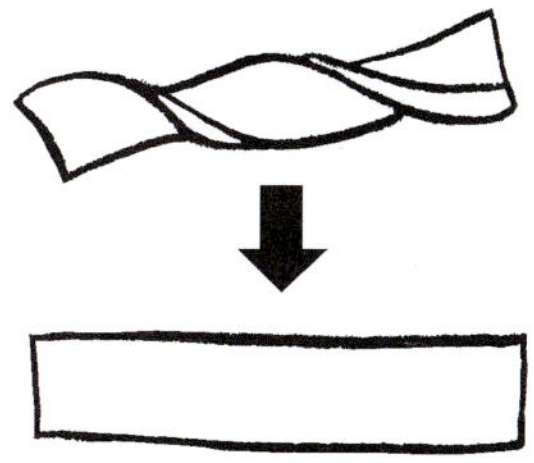 변형시킨 후에 열을 가하면 원래 형상으로 되돌아오는 특성을 가진 형상기억합금/폴리머(Shape memory alloys/polymmers)

그림 3-42 발명원리 37

발명원리	38. 산화 수준을 높인다[산화촉진(Accelerated Oxidation)]
사례	 천식환자에게 산소마스크를 씌운다.

그림 3-43 발명원리 38

발명원리	39. 불활성 환경을 만든다[불활성 환경(Inert Atmosphere)]
사례	 산소를 차단하는 거품을 내뿜는 소화기

그림 3-44 발명원리 39

발명원리	40. 복합 재료의 원리[복합 재료(Composite materials)]
사례	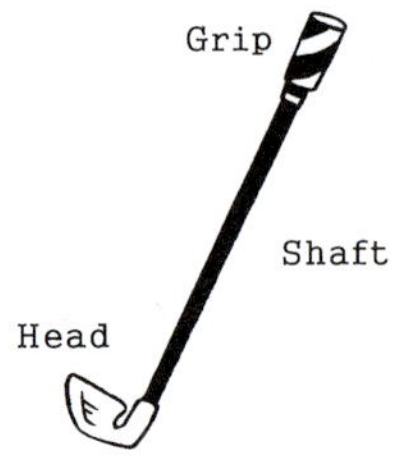 골프채의 샤프트는 가볍고 축방향의 유연성과 뒤틀림의 높은 강도를 갖기 위해 스틸, 보론, 흑연 등 복합재료를 사용한다.

그림 3-45 발명원리 40

3.3 수렴적 사고기법

우리는 끊임없는 의사결정을 하며 살고 있다. 점심 메뉴 선택과 같은 일상적인 의사결정부터 진로 선택, 배우자 선택, 국가 정책 결정까지 다양한 수준의 의사결정 상황이 있다. 공학설계 과정의 모든 단계에서 선택과 결정의 상황에 직면하게 되며 각각의 상황에서의 의사결정은 최종 결과물에 매우 많은 영향을 끼치므로 매우 신중하게 이루어져야 한다. 따라서 매 의사결정의 순간마다 체계적인 의사결정 기법을 적용하는 것이 매우 중요하다. 의사결정 기법은 수렴적 사고기법으로도 불리며 대표적인 방법으로 하이라이팅 기법, 평가행렬법, PMI 기법 등이 있다.

3.3.1 하이라이팅 기법

생성된 아이디어 중에서 괜찮다고 느껴지는 아이디어를 골라낸 다음, 공통적인 측면이나 요소에 따라 묶음(결집, clusters)을 만드는데, 이를 적중 영역(hot spots)이라 한다. 하이라이팅은 이러한 적중 영역을 문제해결에 적합한 형태로 재진술하는 기법이다. 이 기법은 여러 가지의 대안들을 몇 개의 집단으로 압축하여 분류하기 위한 수렴적 사고도구이다. 이 기법은 다음과 같은 단계에 따라 진행된다.

① 히트(hits)를 찾는다.

아이디어들을 나열하고 차례대로 번호를 매긴 후 그럴듯해 보이는 아이디어에 표시를 한다('히트 아이디어').

② 서로 관련되어 있는 것 같이 보이는 히트 아이디어들을 함께 묶는다.

③ 적중 영역을 발견한다.

히트 아이디어들이 서로 어떻게 유사한지를 음미해보고 같은 영역으로 결집시켜 '적중 영역' 을 찾아낸다. 각 적중 영역에 속하는 히트 아이디어들을 그 아래에 나열한다.

④ 적중 영역을 재진술한다.

문제의 요구를 가장 잘 만족시키는 것 같이 보이는 적중 영역 하나를 선택한다. 괜찮으면 몇 개의 적중 영역을 조합하여 하나의 해결책을 만들 수도 있다(김영채, 1999). 아래 [표 3-8], [표 3-9], [표 3-10]은 〈Freshman 공학설계 교과목의 원활한 운영〉을 위한 고려사항에 대한 하이라이팅 기법의 적용사례이다.

[표 3-8]은 〈Freshman 공학설계 교과목의 원활한 운영〉을 위한 브레인스토밍으로 얻은 40개의 대안([표 3-2])중 히트된 12개의 아이디어다. [표 3-9]는 '적중 영역' 으로 분류하고, [표 3-10]은 재진술에 의해 선택된 해결책의 예시를 제시한다.

표 3-8 히트된 아이디어

히트된 아이디어	
1) 적절한 설계 주제 발굴	17) 적절한 과제물
4) 지속적인 총괄 예산확보	18) 안전교육
5) 설계 경험이 풍부한 강사진 확보	23) 인터넷 활용 시설
6) 설계 스튜디오 확보	29) 적절한 팀 구성
8) 필요한 기자재 확보	34) 작품 소요 예산
11) TA 확보	36) 팀원 수

표 3-9 적중 영역 분류

교육 내용	환경	팀 구성	경제	강사진
• 적절한 설계 주제 발굴 • 적절한 과제물 • 안전교육	• 설계 스튜디오 확보 • 인터넷 활용 시설	• 적절한 팀 구성 • 팀원 수	• 지속적인 총괄 예산 확보 • 필요한 기자재 확보 • 작품 소요 예산	• 설계 경험이 풍부한 강사진 확보 • TA 확보

표 3-10 재진술에 의해 선택된 해결책

재진술에 의해 선택된 해결책
Freshman 공학설계 교과목을 원활히 운영하는 방법으로 교육 내용적인 면으로는 적절한 설계 주제를 발굴하고 과제물을 부과하며 안전교육을 시키고, 환경적인 면으로는 설계 스튜디오를 확보하고 인터넷 활용 시설을 갖추어야 한다.

3.3.2 평가행렬법

평가행렬법은 제안된 아이디어들을 미리 정해놓은 준거에 따라 체계적으로 평가하기 위한 기법이다. 평가하려는 아이디어들을 세로축에 나열하고 평가 준거를 가로축에 적어 행렬표를 만든 후, 각 준거를 기초로 모든 아이디어를 평가한다. 체계적인 만큼 시간과 노력이 소요되는 단점이 있다.

평가준거도 문제에 따라 다양하므로 적절한 준거의 선택도 중요하다. 예를 들면 직업을 선택하거나 집을 구입할 경우에는 다른 준거가 필요할 것이다. 많이 사용하는 준거의 범주를 [표 3-11]에 예로 제시하였다.

표 3-11 평가행렬법 사용 양식

평가준거 / 아이디어	C (경비, Costs)	A(수용, Acceptance)	R(자원, Resources)	T (시간, Time)	S (공간, Space)	합계
1						
2						
3						
4						

평가 척도 :

1) 1, 2, 3, 4, 5 ⋯ 10

2) 수, 우, 미, 양, 가

3) −1, 0, +1,

4) 부정적, 보통, 긍정적

행렬표의 결과는 아이디어의 강점과 약점을 확인하는 데에만 이용한다. 점수가 낮다고 하여 '나쁜' 대안이라 단정하기는 어렵고, 어떤 준거에서는 점수가 낮은데 어떤 준거에서는 높은 점수로 평가되었다면 그 아이디어를 다듬어 발전시킬 방법을 강구해야 한다. [표 3-12]는 대학생활을 보다 능률적으로 할 수 있는 방법에 대하여 평가행렬법을 적용한 예시이다. 합계에서 가장 높은 점수를 획득한 '남학생과 여학생이 함께 앉는다' 라는 아이디어가 최선의 방법으로 선정되었다.

표 3-12 평가행렬법을 이용한 사례

대학생활을 보다 능률적으로 할 수 있는 방법					
아이디어 \ 평가준거	학습	건강	인성	환경	합계
12시~1시 사이는 수강신청을 하지 않는다.	7	9	7	6	29
남학생과 여학생이 함께 앉는다.	8	8	10	10	36
수준별 분반을 한다.	8	7	5	6	26
Tutor-Tutee제도를 적극 활용한다.	9	6	6	8	29
강의 시간을 5분 단축한다.	6	7	6	5	24
강의실 벽면을 친환경 페인트로 칠한다.	5	8	7	10	30

3.3.3 PMI 기법

제안된 아이디어의 장점(P), 단점(M), 흥미로운 점(I)을 따져본 후 그 아이디어를 평가하는 기법으로 하나의 아이디어에 대해 집중적으로 분석해 보고자 할 때 간단하면서도 효과적으로 활용할 수 있는 기법이다. [표 3-13]은 PMI에 대해서 간략하게 설명한 표이다. [표 3-14]는 〈기억하기 쉽고 발음하기 편하고 의미가 있는 공학설계 교재〉의 영문 약어를 결정하기 위하여 PMI 기법을 적용한 사례를 제시한 것이다.

표 3-13 PMI의 구분과 설명

구 분	설 명
Plus(강점)	제시된 아이디어의 좋은 점
Minus(단점)	제시된 아이디어의 나쁜 점
Interesting(흥미로운 점)	제시된 아이디어와 관련하여 흥미롭게 생각되는 점

표 3-14 PMI 적용 사례

아이디어	〈기억하기 쉽고 발음하기 편하고 의미가 있는 공학설계 교재〉의 영문 약어로 FRIEND를 사용한다.
P	• FRIEND는 기억하기 쉽다. • 발음하기 편하다. • 공학설계는 팀워크가 중요하기 때문에 FRIEND가 더욱 의미가 있다.
M	• 교재의 이름으로 가벼운 느낌이 들 수 있다. • FRIEND의 의미가 공학설계와의 직접적인 관련성이 적다.
I	• 교재와 친하고 싶은 생각이 든다. • 공학설계와 FRIEND는 관련성이 없어 보이지만 의미를 부여할 수 있다.

FRIEND

Freshman's Introductory Engineering Design

제4장

의사소통

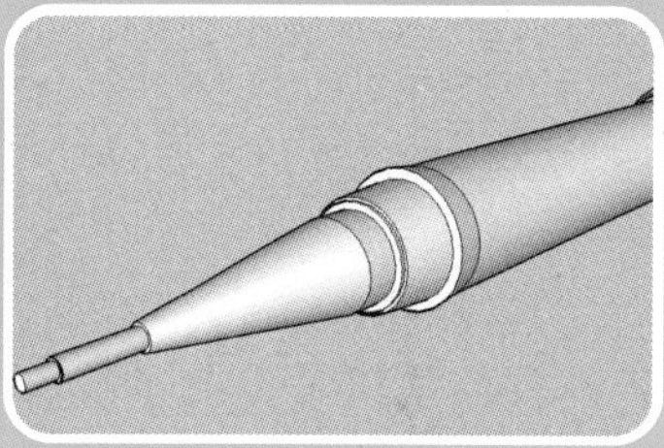

의사소통이란 엔지니어가 작성하는 기술문서 또는 제품에 대한 아이디어를 보다 쉽게 팀원, 소비자, 상사 등의 사람에게 보다 더 잘 이해시키기 위한 방법을 말하는 것이다.

의사소통을 위하여 엔지니어는 스케치, 파레토도, 마인드맵, 간트 차트 등의 도구를 이용하게 된다. 따라서 이 장에서는 엔지니어에게 필요한 의사소통의 중요성을 이해하고, 의사소통을 위한 방법에 대하여 중점적으로 학습한다.

학습 성과

1. 공학설계에서 의사소통의 중요성을 이해할 수 있다.
2. 공학설계에서 시각화를 위한 방법을 활용할 수 있다.

4.1 공학인의 의사소통의 중요성

설계란 자연계에 주어진 물질을 이용하여 인간에게 유용한 도구로 변형하는 활동이다. 미국공학기술인증원에서는 "필요한 것을 만들기 위한 시스템, 요소, 프로세스를 고안하는 과정이며, 이를 위하여 기초과학, 수학, 공학을 적용하여 자원을 목표에 부합하도록 가공하는 의사결정 과정"이라고 공학설계를 정의하고 있다. [그림 4-1]에 나타낸 바와 같이 설계활동은 정의된 문제에 따라 문제해결을 위한 아이디어를 개발하고, 개발된 아이디어를 분석한 후 평가하는 일련의 활동이다.

다시 말하자면, 설계활동이란 어떠한 목표를 향한 개인 또는 팀원 간의 정보흐름에 의한 의견조정 행위이며, 이는 의사소통을 기반으로 하고 있다. 따라서 공학설계의 성공 여부는 팀원 간 의사소통의 정도에 좌우된다. 의사소통은 팀의 생산성 및 업무의 효율성을 향상시키는 중요한 요소가 되며, 듣기, 읽기, 말하기, 문서 및 기술도면의 작성과 이해, 인격적 상호작용과 정보의 전달 등과 연관되어 있다. 이러한 의사소통 과정에서는 주어진 공학적 문제를 해결하기 위하여 경제, 환경, 사

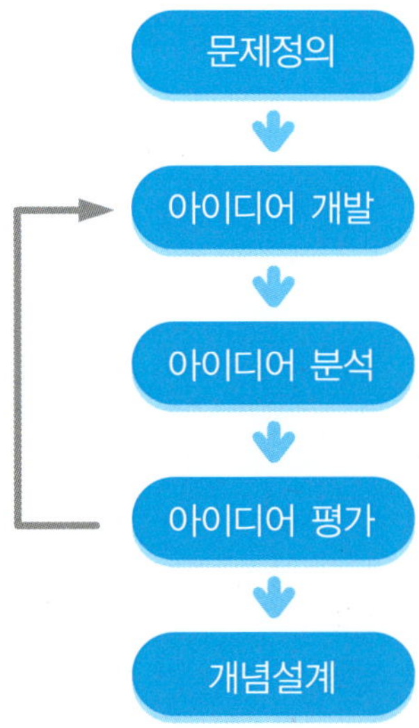

그림 4-1 문제해결의 과정

회, 윤리, 미학, 보건 및 안전, 생산성과 내구성, 산업표준 등과 같은 제한 조건에 관하여 서로 협의하고 원만한 해결책을 찾기 위하여 노력하게 된다(이창훈, 김기수, 2006).

그림 4-2 의사소통의 중요성

현대의 공학설계에서는 한 사람의 엔지니어가 설계를 전적으로 책임지는 경우는 거의 없다. 따라서 엔지니어는 자신이 속한 공학 분야뿐만 아니라 다양한 분야의 구성원과 효율적인 의사소통을 하여, 다양한 의견을 수렴하고 자신의 의견을 정확하게 전달하여야 할 필요성이 증대되고 있다.

[그림 4-2]는 의사소통의 필요성을 나타내고 있다. 엔지니어는 자신이 생각하고 있는 것을 효율적으로 팀원에게 전달함으로써 설계과정에서 발생할 수 있는 실수를 최대한 줄이고, 자신이 생각한 아이디어에 팀원의 아이디어를 추가함으로써 제품의 기능을 향상시켜 더욱 완성도가 높은 제품을 설계할 수 있다.

활동 1 5분 토론

- 초등학생에게 뉴턴의 제1법칙(관성의 법칙) 설명하기
- 초등학생에게 뉴턴의 제2법칙(가속도의 법칙) 설명하기

4.1.1 말 잘하는 방법

[그림 4-3]에 나타낸 바와 같이 말하는 사람과 듣는 사람 사이에는 정보의 전달을 방해하는 요소들이 존재한다. 이는 말하는 사람과 듣는 사람의 나이, 성별, 학력, 환경 등이 각기 다르기 때문에 나타나는 현상으로 올바른 정보의 전달을 가로막는 장애요인이 된다. 장애요인을 효과적으로 극복하지 못하는 경우에는 심하게 왜곡된 정보가 전달된다. 따라서 정보전달의 왜곡 현상은 의사소통 과정에서 반드시 극복해야 할 요소이다.

그림 4-3 정보전달의 왜곡

활동 2 5분 토론
- 초등학생에게 자동차 운전법을 알려주려고 한다. 어떻게 이야기해야 할까?

말을 잘하는 것은 가장 효율적으로 필요한 정보를 전달하는 방법이다. 말을 잘하기 위해서는 말할 내용을 논리적으로 정리해야 할 필요가 있다. 따라서 어떠한 효과적인 방법으로 핵심 내용을 전달할 것인가에 대한 전략을 수립해야 한다. 또한 말하는 사람의 장애요소와 듣는 사람의 장애요소를 최대한 제거하고, 말하는 사람과 듣는 사람이 공통으로 이해할 수 있는 언어를 사용해야 한다. 또한 듣는 사람의 지식과 경험, 나이 등을 고려하여 듣는 사람의 입장에서 말을 해야 한다. 다시 말하자면 듣는 사람이 이해를 잘할 수 있도록 알맞은 단어를 신중하게 선택하는 것이 말을 잘하는 방법이다.

활동 3 5분 토론

- 말을 잘하기 위하여 어떤 것들을 고려해야 할까?
- 듣는 사람이 잘 듣게 하기 위해서는 어떤 방법으로 말을 해야 할까?

활동 4 30초 메시지 만들기

- 가장 많은 샤프펜슬(가격 1000원)을 팔기 위한 30초 메시지를 작성하라.
- 메시지 발표시간 : 퇴근시간(오후 6~7시)
- 발표 장소 : 지하철 승강장
- 유동인구 : 분당 2,000명
- 판매시간 : 10분

4.1.2 글 잘 쓰는 방법

엔지니어가 제품을 설계하기 위해서는 다양한 아이디어를 종합한 후, 각 실무 담당자와의 의견을 조정하여 제품설계를 위한 설계노트를 작성하여야 한다. 따라서 글쓰기의 시작은 설계노트의 작성에서부터 시작된다. 설계노트는 제품을 개발하기 위한 공학설계의 전반적인 과정 모두를 포함하고 있어야 한다. 엔지니어가 작성하는 문서에는 사용자 매뉴얼, 제품개발 보고서, 시장조사 보고서 등 다양한 종류가 있다. 그러므로 독자가 누구인가에 초점을 맞추어 문서를 작성하는 것이 매우 중요하다.

[그림 4-4]에 나타낸 바와 같이 엔지니어가 문서를 작성할 때 고려해야 할 것들은 매우 많다. 문서를 작성할 때에는 작성자의 의도가 독자에게 정확하게 전달되도록 해야 한다.

그림 4-4 문서 작성 시 고려해야 할 사항들

표 4-1 글을 작성하는데 있어 유의해야 할 것들

문장의 뚜렷함	혼란한 의미를 주는 문장은 쓰지 않는다.
문체의 간결성	문장을 작성할 때 군더더기가 없이 간단하게 작성한다.
정확성과 정밀성	정확한 정보를 문장에 포함한다.
논리적 구성	문장의 내용이 논리적으로 필요한 정보를 포함하고 있어야 한다.
독자에 초점	문서를 읽는 사람의 눈높이에 맞게 문서가 작성되어야 한다.
신뢰성	문장의 기술적 자료는 연구 또는 실험에 의해 신뢰성이 확보된 것들이어야 한다.

표 4-2 글을 작성하는 순서

단 계	내 용
1단계 : 목적 설정	서두에 작성 목적을 명확히 밝힌다.
2단계 : 정보 수집	작성 일정을 간트차트(Gantt chart) 등의 표를 이용하여 작성한 후, 필요한 기술 자료를 모은다.
3단계 : 목차 작성	어떤 양식에 의하여 작성할 것인지 결정한다.
4단계 : 초안 작성	목차에 의하여 초안을 작성한다.
5단계 : 초안 편집	초안을 검토하여 문장을 삭제하거나 수정한다.
6단계 : 교정	적절한 단어와 문장이 사용되었는지 최종 점검한다.

[그림 4-5]는 프로젝트 수행 보고서를 나타내고 있으며, 일반적으로 논문이나 기술보고서는 그림과 같은 양식으로 작성한다.

실험조건 및 실험방법

본 연구를 위하여 사용된 시험편은 엔진베어링, 와셔 등에 많이 사용되는 것으로서, 강과 알루미늄합금을 고 압력을 이용하여 접착시킨 바이메탈이며 표 1에 조성을 나타내었다.

그림 4 및 그림 5는 본 실험을 위해 사용된 시험편과 공구의 형상을 나타내었다. 사용한 공구는 인조다이아몬드(PCD, Poly Crystallized Diamond)이며, 공구 날끝 반경은 0.56mm이다. 사용한 공구의 사진을 그림 5에 나타내었다.

표 1 Chemical compositions and mechanical properties of specimen

Chemical compositions (wt%)								Hardness of alloy layer (Hv)	Hardness of a surface steel (Hv)
Al	Sn	Pb	Si	Cu	Sb	Zn	기타		
83.1	11	–	3.2	1.0	–	–	1.7	38~70	150 이상

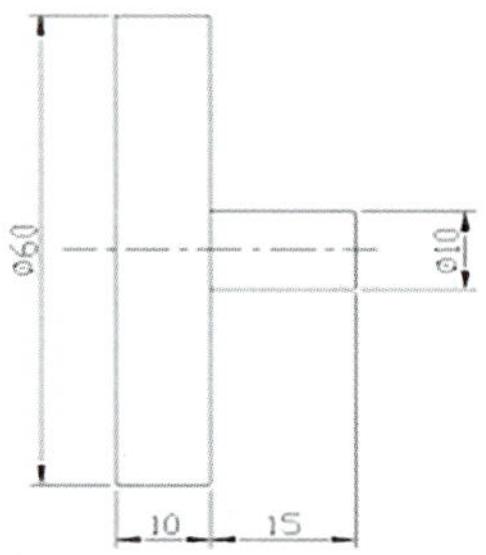

(a) Dimension of specimen

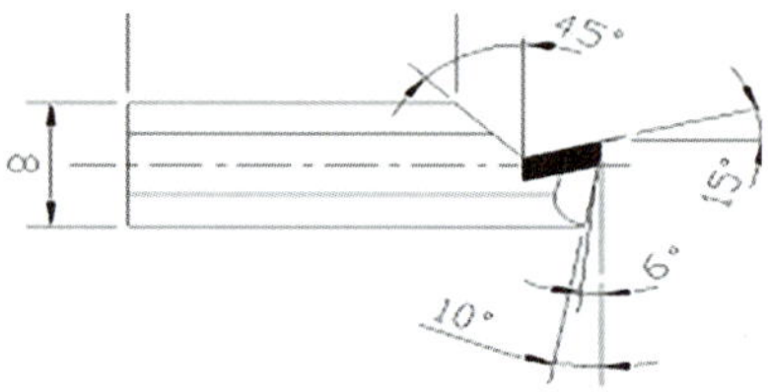

(b) Dimension of bite

그림 1 Dimension of specimen and bite

그림 2 Photo of bite(Nose radius : 0.56)

그림 4-5 기술문서의 작성 예

활동 5 실습활동

– 자신이 휴대전화 개발팀이라 가정하고 소비자를 위한 휴대전화 매뉴얼을 작성한 후 제출하라.

4.2 아이디어의 시각화

시각화 도구란 설계자의 아이디어를 제3자에게 쉽게 이해시킬 수 있도록 설계자가 사용할 수 있는 도구를 말하는 것으로 스케치, 등각 투상법, 정 투상법, 마인드맵(mind map), 컨셉맵(concept map) 등이 있다. [그림 4-6]은 CAD 프로그램을 이용하여 자동차 엔진의 피스톤을 입체적으로 표현한 것이다.

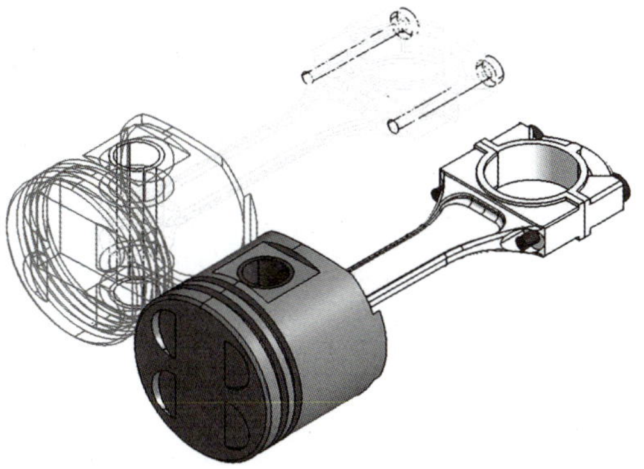

그림 4-6 피스톤의 입체도

4.2.1 스케치

스케치(sketch)는 가장 쉽게 설계자의 아이디어를 그림으로 나타낼 수 있는 도구이다. 스케치는 아이디어를 간략하게 표현할 수 있기 때문에 설계 초기의 개념설계에 많이 사용된다. [그림 4-7]과 [그림 4-8]은 물체의 정면을 어떤 방향으로 설정하였는가에 따라 달라지는 모양을 나타낸 것이다. 면의 선정에 따라 물체의 특징적인 면이 잘 나타나 보일 수도 있고 그렇지 않을 수도 있다. 따라서 스케치 작업에서는 스케치하려는 물체의 특징이 가장 잘 나타나는 면을 정면으로 선정하는 것이 중요하며, 일반적인 제도에서 물체의 정면을 선정하는 과정은 다음과 같다.

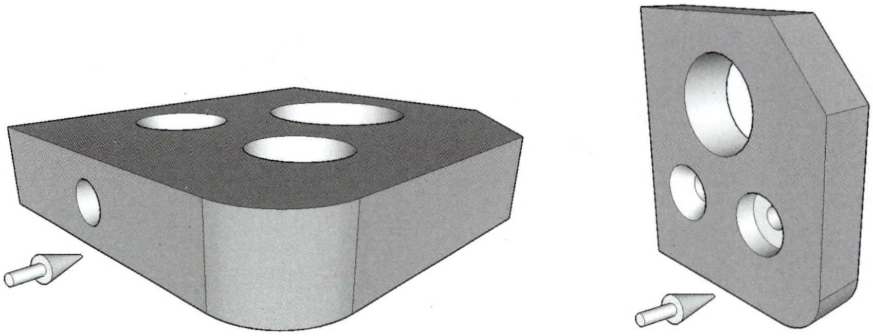

그림 4-7 물체의 정면 변화에 따른 스케치 모양의 변화 예 1

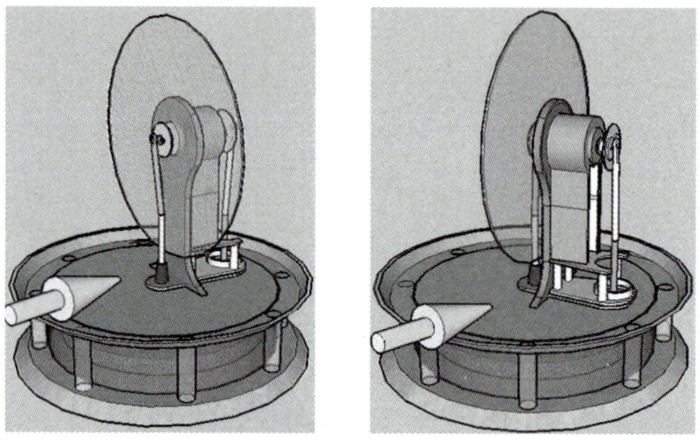

그림 4-8 물체의 정면 변화에 따른 스케치 모양의 변화 예 2

정면을 선택하는 방법

① 복잡한 형상이 간단하고 명확하게 표현된 면을 정면으로 선택한다.

② 숨은 선이 적게 나오도록 정면을 선택한다.

③ 도면 작업이 최소가 될 수 있도록 정면을 선택한다.

④ 도면의 크기를 생각하여 정면을 선택한다.

⑤ 원형인 면을 정면으로 선택하지 않는다.

⑥ 긴 방향을 정면으로 선택한다.

스케치를 잘하기 위해서는 펜이 몸의 일부와 같이 느껴질 수 있을 때까지 선과 원을 그리는 연습을 많이 해야 한다. 항상 펜과 노트를 휴대하고 다니면서 아이디어가 생각날 때마다 스케치를 하는 습관을 들이면 스케치 실력이 향상된다.

[그림 4-9]에 스케치를 하기 위한 다양한 각도와 굵기를 가진 각종 선을 그려보도록 하자. 또 [그림 4-10]에 있는 그림을 보고 똑같은 모양을 20개 이상 그려보도록 하자.

그림 4-9 사각형 안에 다양한 각도의 직선 그리기

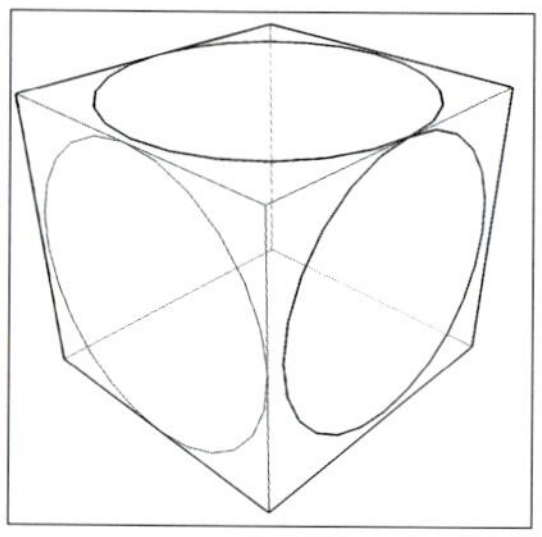

그림 4-10 같은 크기의 박스와 타원을 그려보자

스케치는 앞에 제시된 물체의 정면 설정방법에 따라 스케치하고자 하는 물체의 정면을 설정한 후 아래의 순서에 따라 스케치한다. 빈 종이에 아래에 제시된 스케치 순서에 따라 연습을 해보자.

1. 그리고자 하는 물체의 기준선을 잡는다. 기준선을 잡을 때에는 물체에 비례되는 부분이 있으면 비례관계를 유지하는 것이 좋다.

2. 기준선을 잡을 때 사용했던 불필요한 선들을 제거한다.

3. 물체의 모양을 세밀하게 묘사한다.

4. 명암을 넣을 부분과 넣지 않을 부분을 머릿속에 구분해 둔다.

5. 명암을 넣는다.

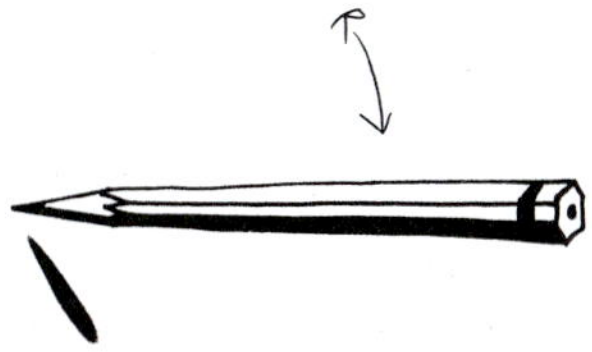

Freshman's Introductory Engineering Design

활동 6 10분 활동

– 자신이 가지고 있는 샤프펜슬을 스케치해보자

– 자신이 가지고 있는 사진을 스케치해보자

Freshman's Introductory Engineering Design

4.2.2 제도

제도란 엔지니어가 고안한 제품에 관한 아이디어를 다른 엔지니어들에게 알기 쉽게 선, 문자, 기호를 이용하여 제품의 모양, 재료, 크기, 제작하는 방법을 제도 규칙에 따라 표현한 엔지니어의 언어라고 말할 수 있다. 완전한 제도에 의하여 만들어진 도면은 다른 엔지니어에게 시간과 장소에 구애받지 않고 다양한 제품의 정보를 정확하게 전달할 수 있다.

1) 제도의 역사

제도는 고대인들이 그린 단순한 그림에서 시작되었으며, BC 1000년 경에 만들어진 솔로몬(Solomon)의 석조신전에서도 도면이 사용된 것으로 추정된다. 15세기에는 이탈리아의 건축가들이 투상원리를 이용하여 정면도 및 평면도를 작성하였으며, 레오나르도 다 빈치는 기존에 사용되던 투상도보다 더욱더 발전된 도면을 작성하였다. [그림 4-11]은 다 빈치가 설계한 비행기를 나타내고 있다. 18세기에는 프랑스의 수학자인 몽주(Gaspard Monge)가 1각법으로 도면을 작성하였다. 1각법은 유럽에서 사용되었으며, 현재 사용되고 있는 투상법의 기원이 되었다. 3각법은 미국에서 연구되어 사용되어져 왔으며, 19세기말 국가 규격으로 채택되었다.

우리나라는 1961년에 공업제품의 규격화 및 품질향상을 위하여 공포 시행된 공업표준화법에 의하여 한국공업규격(KS)을 제정하였으며, 1963년부터 본격적으로 공업규격에 대한 규정이 적용되기 시작했다. 제도에 관한 규정은 1966년에 제도통칙(KS A 0005)이 제정되어 시행되고 있다(김기환, 기계설계제도 1988).

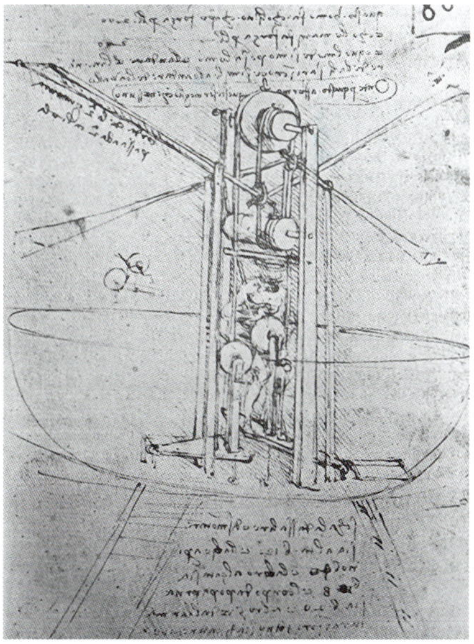

그림 4-11 레오나르도 다 빈치의 비행기

2) 제도의 일반사항

제도의 일반사항은 다음과 같이 여섯 가지로 제시할 수 있다.

① 제도로 작성하는 물체의 크기는 실제 물체의 크기에 비례하여 그려야 한다. 하지만 도면 해석에 혼란을 주지 않는 경우에는 비례하지 않아도 관계는 없다.
② 투명한 재료를 이용하여 제작되는 물체나 그 일부분은 불투명한 것으로 간주하고 그려야 한다.
③ 특별한 지적이 없는 경우, 길이를 나타내는 치수는 물체의 두 지점에 의하여 측정한 것으로 나타낸다.
④ 치수를 기입할 때는 치수의 허용한계를 나타낸다. 단, 참고치수 및 이론적으로 정확한 치수를 기입할 경우에는 예외로 한다.
⑤ 물체의 기능이 제작되는 부품의 호환성, 제작기술 등에 문제를 야기할 경우에는 KS B 0608(기하공차의 도시방법)에 따라 기하공차를 표시한다.
⑥ 한국공업규격에서 정한 제도에 사용하는 기호를 이용하는 경우, 기호에 대한 설명은 생략한다.

3) 등각투상법(Isometric View)

등각투상법이란 [그림 4-12]에 나타낸 것과 같이 3차원 물체를 평면에 3차원의 형상으로 나타내는 것이다. 등각투상법으로 그려진 물체는 정투상법으로 그려진 물체보다 실제 물체의 모양을 더 쉽게 이해할 수 있다. 이는 정투상법이 3차원의 물체를 평면에 2차원의 형태로 표현한 것이기 때문이다.

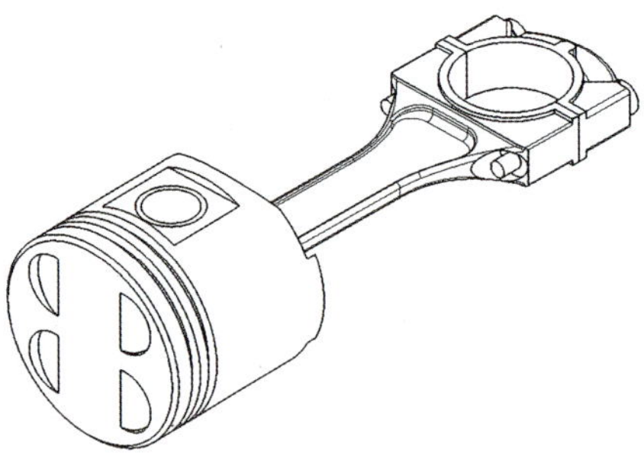

그림 4-12 등각투상도로 나타낸 기계 부품

일반적으로 등각투상도를 그리는 방법을 [그림 4-13]에 있는 기계 부품을 보고 각자 따라해보자.

그림 4-13 등각투상도를 그리기 위한 기계 부품

① [그림 4-14]와 같이 등각투상도를 그리기 위한 물체의 정면을 설정한다.

② [그림 4-15]와 같이 등각투상도로 나타내고자 하는 물체의 비율을 정한다

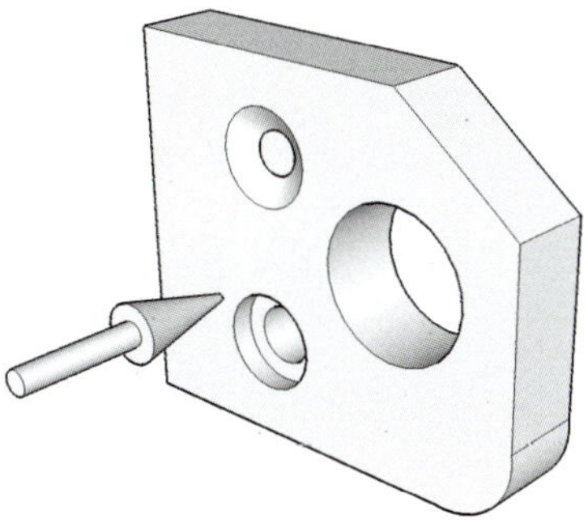

그림 4-14

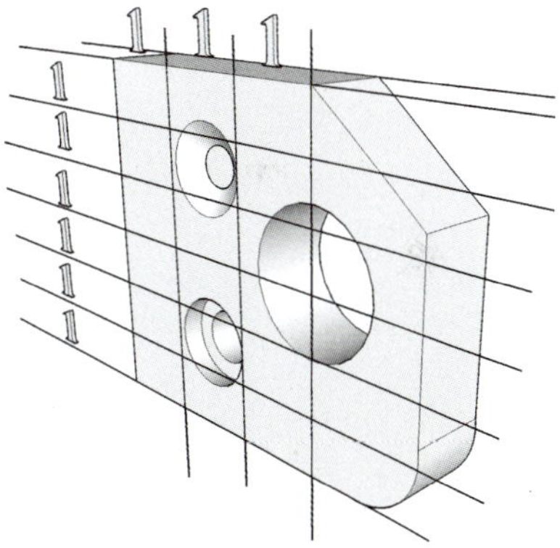

그림 4-15

③ [그림 4-16]과 같이 백지에 직선을 긋고 직선의 좌우에 30°의 경사진 선을 긋는다.

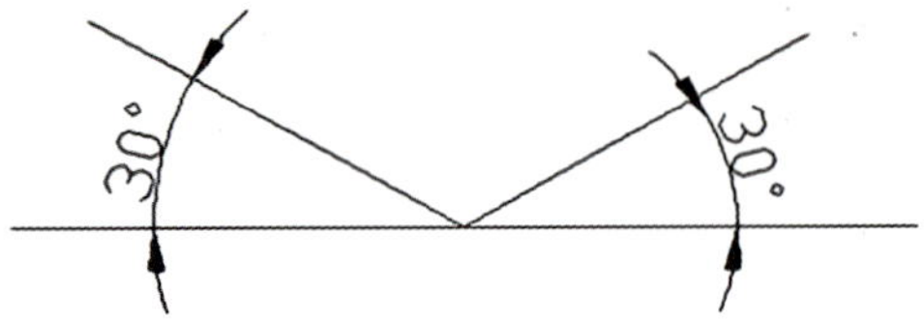

그림 4-16

④ [그림 4-17]과 같이 경사선 위로 나타내고자 하는 물체의 비율대로 스케치한다.

⑤ [그림 4-18]과 같이 물체의 모양이 명확하게 나타나게 불필요한 선들은 지우고, 보정하면서 등각투상도를 완성한다.

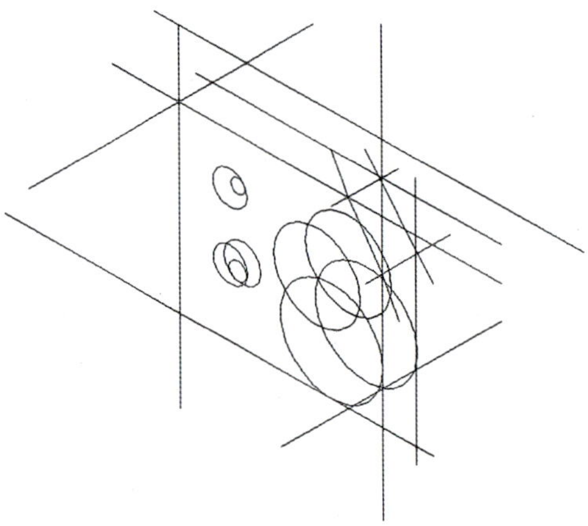

그림 4-17

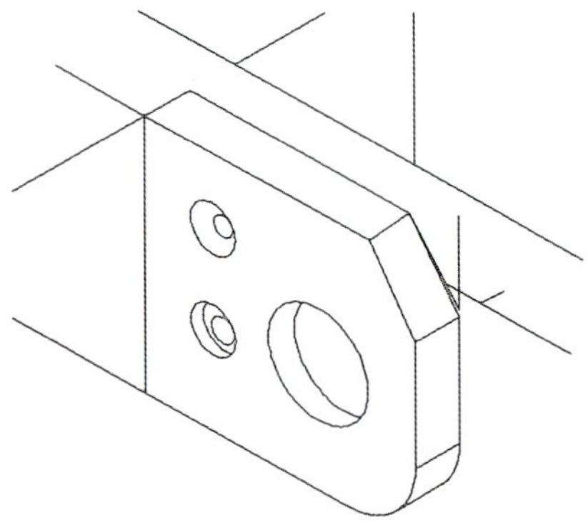

그림 4-18

이제 [그림 4-19]에 나타낸 물체를 보고 [그림 4-20]에 등각투상도를 그려보자.

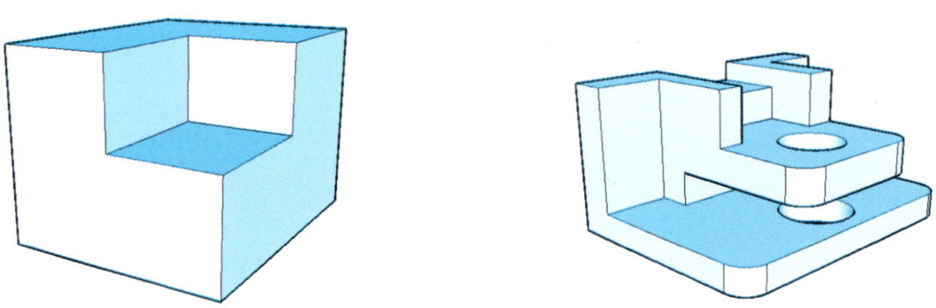

그림 4-19 등각투상도 연습을 위한 그림

[그림 4-20] 등각투상도 연습용지

활동 7 10분 활동

- 자신이 가지고 있는 휴대전화를 열고, 그 모습을 등각투상도로 그려보자.
- 소형 자동차를 등각투상도로 그려보자

그림 4-21 등각투상도 연습용지

4) 정투상법

3차원의 물체를 아래 그림과 같은 모습으로 정면을 선정한 후 관찰할 때 관찰하는 사람의 시선을 정면, 좌우 측면, 위, 아래로 이동한다면 관찰하는 시선에 따라 관찰자는 다른 모양을 보게 된다. 이때 만일 물체를 사각형의 유리상자 안에 넣어 둔다면, 물체는 유리면에 물체의 실제 모양과 실제 길이로 표시되며, 유리면에 나타나는 모양을 그림으로 그리는 것을 정투상법이라고 한다.

[그림 4-22]에 나타낸 바와 같이 유리상자의 정면에서 보고 그린 그림을 정면도(front view), 위에서 보고 그린 그림을 평면도(top view), 옆에서 보고 그림을 측면도(side view)라고 하며, 좌측에서 보고 그린 그림을 좌측면도(left side view), 우측에서 보고 그린 그림을 우측면도(right side view)라고 한다. 뒤에서 보고 그린 그림을 배면도(rear view), 아래에서 보고 그린 그림을 저면도(bottom view)라고 한다. [그림 4-23]은 [그림 4-13]을 정투상법으로 나타낸 것이다.

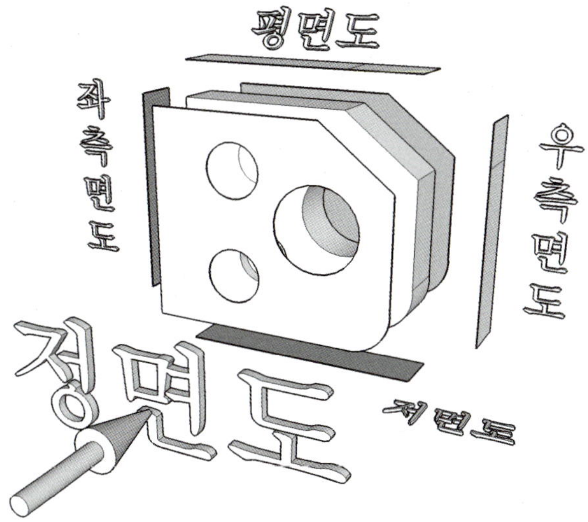

그림 4-22 정투상법의 사례

투상도에는 물체의 외형을 나타내는 외형선, 물품의 보이지 않는 부분을 나타내는 숨은선 그리고 물품의 중심을 나타내는 중심선이 사용된다. 물품의 중심을 나타내는 중심선은 원, 호, 구의 중심, 원통, 원추 등과 같은 대치되는 선을 표시해야 한다.

활동 8 5분 활동

[그림 4-20]에서 보이지 않는 부분을 표시해보자.

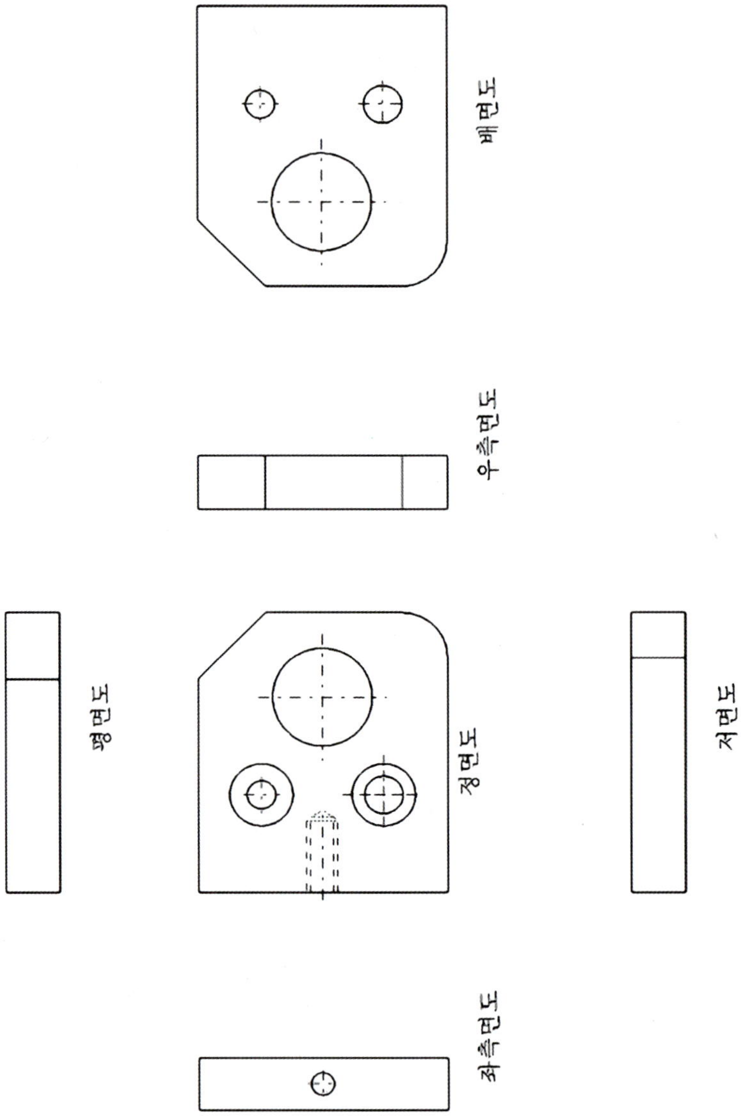

그림 4-23 정투상법으로 나타낸 도면

4.2.3 투상도 선정방법

물체의 형상을 정확하고 알기 쉽게 도면을 그려야 하며, 어떠한 부분을 정면으로 선정하고 정면도를 그리는가에 따라 필요한 투상도가 결정된다.

물체의 형상이 좌우대칭이고 좌 우측, 위 아래, 앞 뒤에서 바라보는 모양이 같다고 하면 정면도와 배면도, 우측면도와 좌측면도, 평면도와 배면도는 각각 실선과 숨은선의 차이만 날 뿐, 물체를 바라보는 방향에서 작성하는 도면의 형상이나 치수는 동일하게 된다. 그렇기 때문에 도면을 작성할 때에는 앞에서 설명한 6개의 투상도가 필요하지 않게 된다. 따라서 무엇을 그리는가에 따라 필요한 투상도만 선택하여 그린다. 일반적인 투상도는 다음과 같이 선정한다.

- 3면도 : 정면도, 평면도, 측면도를 선택한다.
- 2면도 : 정면도와 평면도 또는 정면도와 우측면도를 선택한다.
- 1면도 : 정면도를 선택한다.

[그림 4-24]는 [그림 4-13]의 투상도를 나타내고 있다. [그림 4-24]에서는 정면도만으로 부품의 크기나 형상을 모두 표현할 수 없기 때문에 정면도와 단면도를 이용하여 도면을 작성했다.

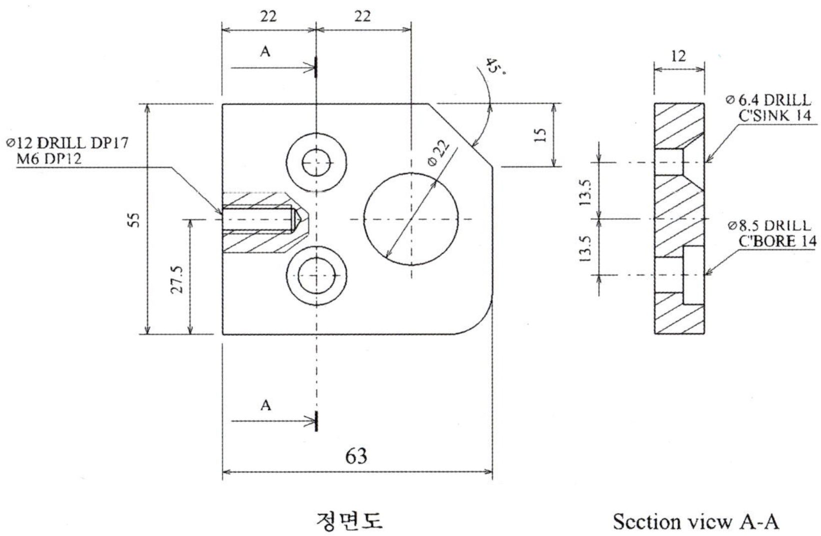

그림 4-24 투상도로 나타낸 기계부품

4.2.4 정면도 작성시 주의사항

- 대상물의 모양과 기능을 명확히 표시하는 면을 그린다.
- 가급적 숨은선을 사용하지 않도록 한다.

4.2.5 보조 투상도

- 보조 투상도 : 경사면이 있는 물체는 정투상도로 그리면 물체의 실제 모양을 나타낼 수 없으므로, 경사면과 맞서는 위치에 보조 투상도를 그려서 경사면의 실제 모양을 나타낸다.
- 회전 투상도 : 투상면이 각도를 가지고 있기 때문에 실제의 모양을 표시하지 못할 때는 그 부분을 회전해서 실제 모양을 나타낼 수 있다.
- 부분 투상도 : 그림의 일부를 도시하는 것으로 필요 부분만을 표시한다.
- 국부 투상도 : 국부적인 모양만을 도시한다.
- 부분 확대도 : 특정 부분이 작아서 그 부분을 가는 실선으로 에워싸고 영문자의 대문자로 표기함과 동시에 해당 부분을 확대하여 표시하는 글자 및 척도를 기입한다.
- 전개 투상도 : 구부러진 판재를 만들 때는 제작이 불편하므로 실물을 정면도에 그리고 평면도에 전개도를 그린다.

4.2.6 투상도의 배치

① 도면에 선정된 투상도의 개수에 관계없이 제도용지 내에서 상하좌우 여백의 균형이 잘 맞도록 배치한다.

② 투상도 사이의 간격은 약 40mm 정도가 적당하다.

다음의 [그림 4-25]를 보고 어떤 투상도가 가장 간단하게 부품의 형태를 나타낼 수 있는지 생각한 뒤 그려보도록 하자(치수는 그림을 보고 비율에 따라 임의로 정한다).

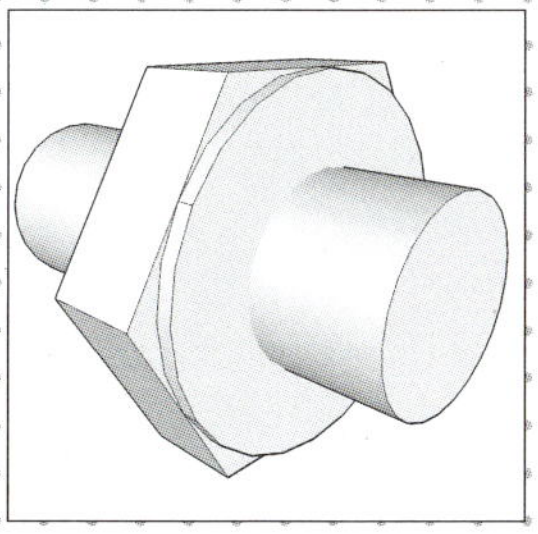

그림 4-25 정투상도 연습

활동 9 10분 활동

- 등각투상도로 그린 휴대전화를 보고 정면도, 평면도, 측면도를 그려보자
- 등각투상도로 그린 자동차를 보고 정면도, 평면도, 측면도를 그려보자

그림 4-26 정 투상도 연습

1각법과 3각법

- 3각 투상법 : 물체로부터 투시선이 나와서 투상면을 거친 후에 투상하는 사람이 보는 개념. 정면도를 기준으로 우측에는 우측면도, 좌측에는 좌측면도, 위쪽에는 평면도를 그린 도면이다
- 1각 투상법 : 투상하는 사람으로부터 투시선이 나와서 물체를 지난 후에 물체 뒤에 있는 투상면에 투상도가 그려지는 개념. 정면도를 기준으로 우측에는 좌측면도, 좌측에는 우측면도, 아래쪽에는 평면도를 그린 도면이다.
- KS 규격 : 투상법은 제3각 투상법에 따르는 것을 원칙으로 한다. 단 필요한 경우에는 제1각 투상법에 따를 수도 있다.

4.3 마인드맵

마인드맵은 1970년대 토니 부잔(Tony Buzan)에 의하여 개발된 프로그램으로 읽거나 생각한 것을 종이에 그림과 글, 부호를 이용하여 마음의 지도를 그리는 방법이다.

마인드맵은 어떠한 문제를 중심에 두고 문제해결 방법을 브레인스토밍하여 문제를 중심으로 거미줄 같이 배열한 후 비슷한 아이디어는 서로 묶고, 새로운 아이디어를 추가하여 실현 가능성이 높은 것들로만 모아서 그리는 방법이다.

[그림 4-27]과 [그림 4-28]은 자동차를 마인드맵으로 표현한 그림이다. [그림 4-27]은 우리가 사용하는 자동차의 기능에 따라 그린 마인드맵으로 자동차의 장치가 어느 부분에 연결되어 있는지 간단히 알 수 있으며, [그림 4-28]은 자동차 구조의 일반 분류법을 이용해 나타낸 자동차의 마인드맵이다. 자동차에 어떠한 장치가 있는지 마인드맵을 통하여 간단히 알 수 있다.

만일 자동차에 고장이 발생한 경우에는 고장이 발생되었다고 추정되는 위치를 찾아 부품을 하나씩 검사해 나간다면 쉽게 고장 부위를 판단할 수 있을 것이다.

마인드맵의 진행 절차는 아래의 순서에 따른다.

① 마인드맵의 주제가 되는 단어나 그림을 기록하고자 하는 곳의 중앙에 기록한다.

② 중앙에 기록된 단어나 그림에서 연상되는 아이디어 또는 그림을 종합하여 선을 긋고 기록한다.

③ 연상된 아이디에서 흘러나온 아이디어는 다시 선을 긋고 기록한다.

④ 중요하다고 생각되는 아이디어는 서로 다른 색으로 표시한다.

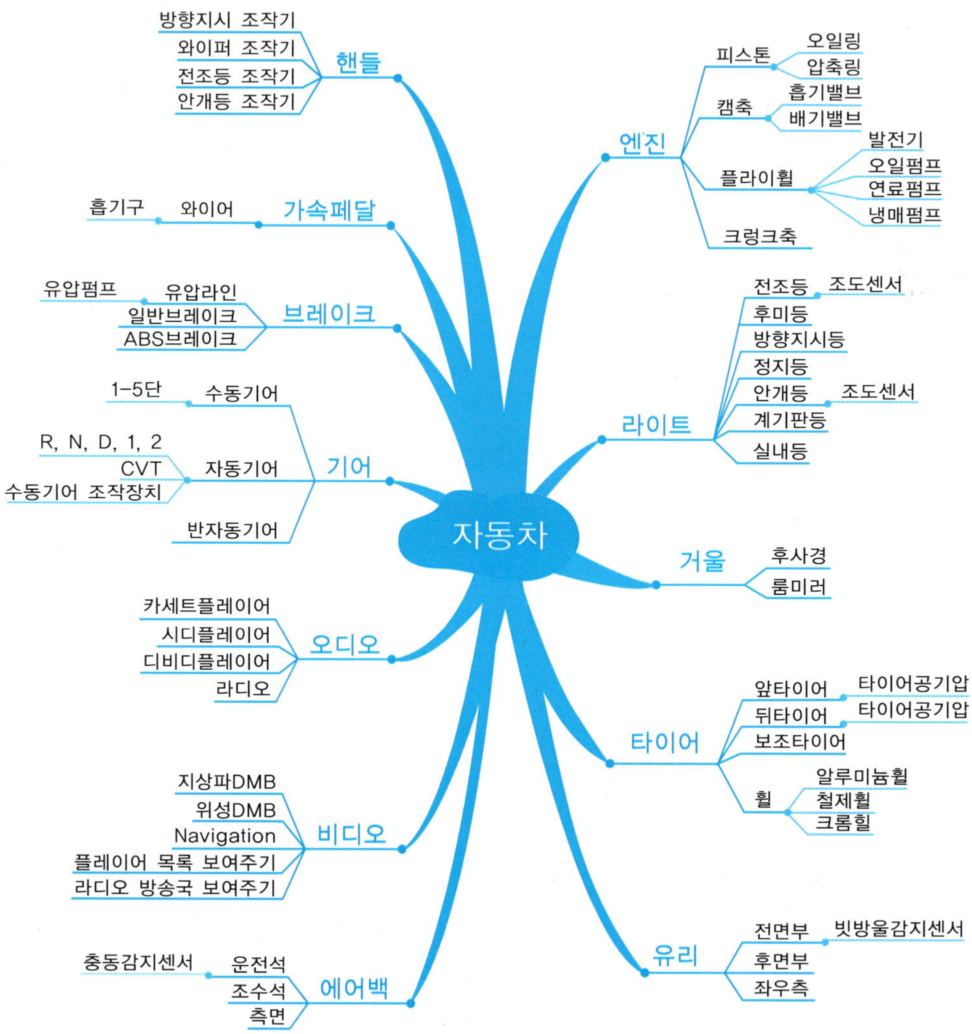

그림 4-27 마인드맵으로 나타낸 자동차의 예 1

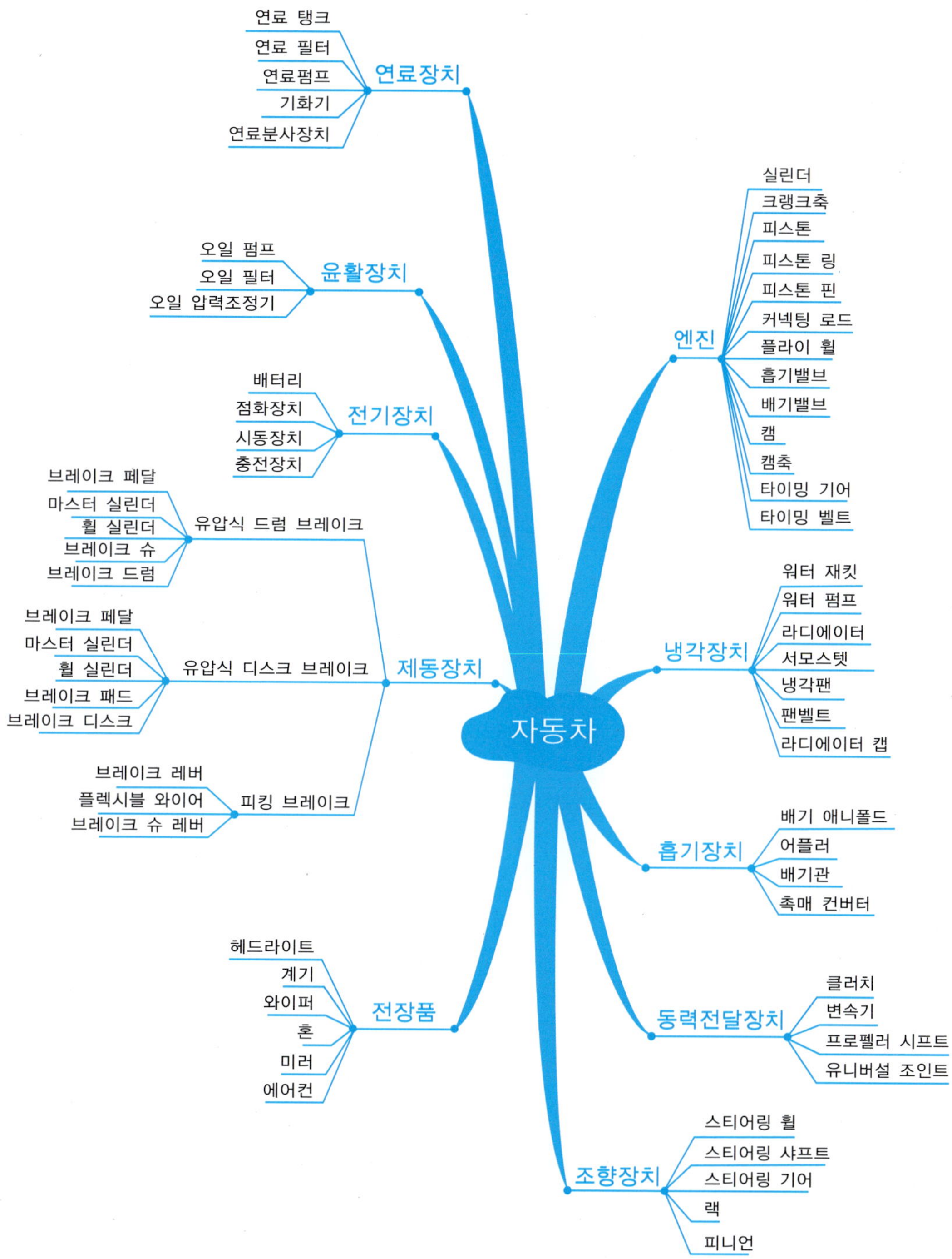

그림 4-28 마인드맵으로 나타낸 자동차의 예 2

Freshman's Introductory Engineering Design

Freshman's Introductory Engineering Design Freshman's Introductory Engineering Design
Freshman's Introductory Engineering Design Freshman's Introductory Engineering Design
Freshman's Introductory Engineering Design Freshman's Introductory Engineering Design
Freshman's Introductory Engineering Design Freshman's Introductory Engineering Design
Freshman's Introductory Engineering Design Freshman's Introductory Engineering Design
Freshman's Introductory Engineering Design Freshman's Introductory Engineering Design
Freshman's Introductory Engineering Design Freshman's Introductory Engineering Design
Freshman's Introductory Engineering Design Freshman's Introductory Engineering Design

활동 10 10분 활동

- 10년 동안 10억원을 마련하기 위한 마인드맵을 작성해보자.
- 컴퓨터를 마인드맵으로 표현해보자.

4.4 컨셉맵

컨셉맵(concept map)은 1960년대에 코넬 대학의 노박(Joseph D. Novak) 교수가 개발한 것으로 마인드맵과는 다른 지식표현법이다. 마인드맵은 한 가지 주제를 중심으로 방사상의 형태로 뻗어나가기 때문에 지식의 계층관계만을 나타낸다. 하지만 컨셉맵은 지식의 계층구조와 그 관계를 표현할 수 있다는 장점을 가지고 있다.

컨셉맵은 그래프로 지식을 표현한다. 개념들이 상자 안에 있으며, 개념과 개념과의 관계를 표시하고자 할 때에는 개념과 개념 사이에 선을 긋고 선 위에 개념간의 관계를 적어 넣는 방법으로 지식을 표현하는 것이다.

다음 예제는 지식을 컨셉맵으로 표시한 것이다.

1. 철수는 영희를 사랑한다.

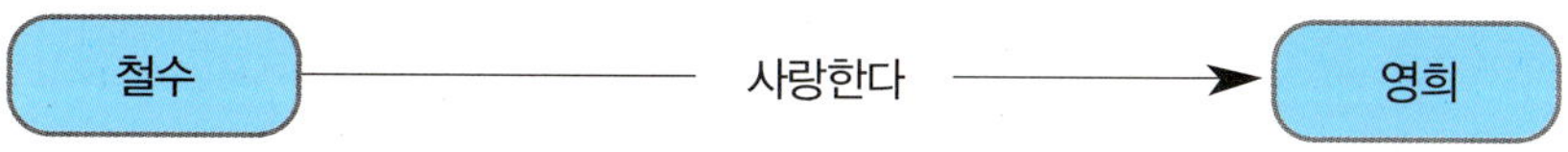

2. 영희와 민수는 서로 사랑한다.

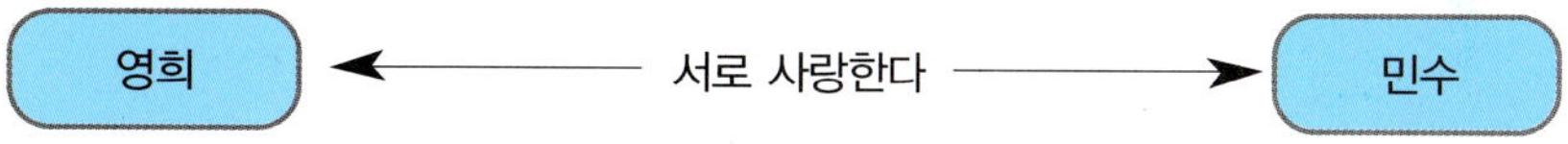

3. 영희는 고급아파트를 가지고 있다.

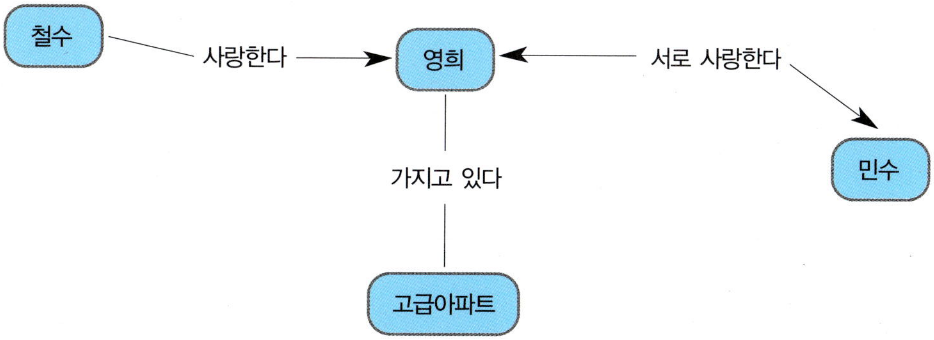

다음의 컨셉맵을 보고 철수와 영희, 민수는 어떠한 관계인지 연상되는 것을 토의해보자

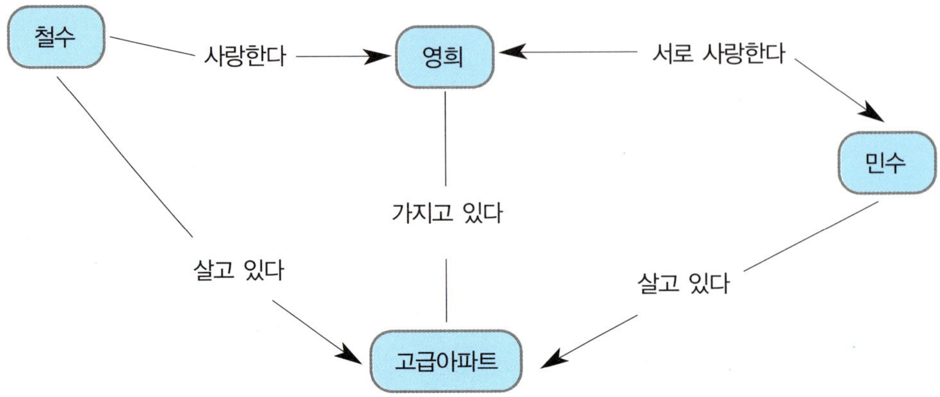

컨셉맵은 브레인스토밍, 설계, 아이디어 설명, 학습 등을 할 때 유용한 도구로 이용할 수 있다.

[그림 4-29]는 가정에서 사용하고 있는 보일러를 컨셉맵으로 표현한 것이다. 그림을 보고 보일러의 동작을 팀원과 토론해보자.

[그림 4-30]은 대전역을 출발점으로 하는 관광 컨셉맵을 나타내고 있다. 열차로 대전역에 도착하여 가장 저렴한 비용으로 관광지를 빠른 시간에 돌아보기 위해서는 어떤 경로로 이동해야 하는지 팀원과 토론해보자

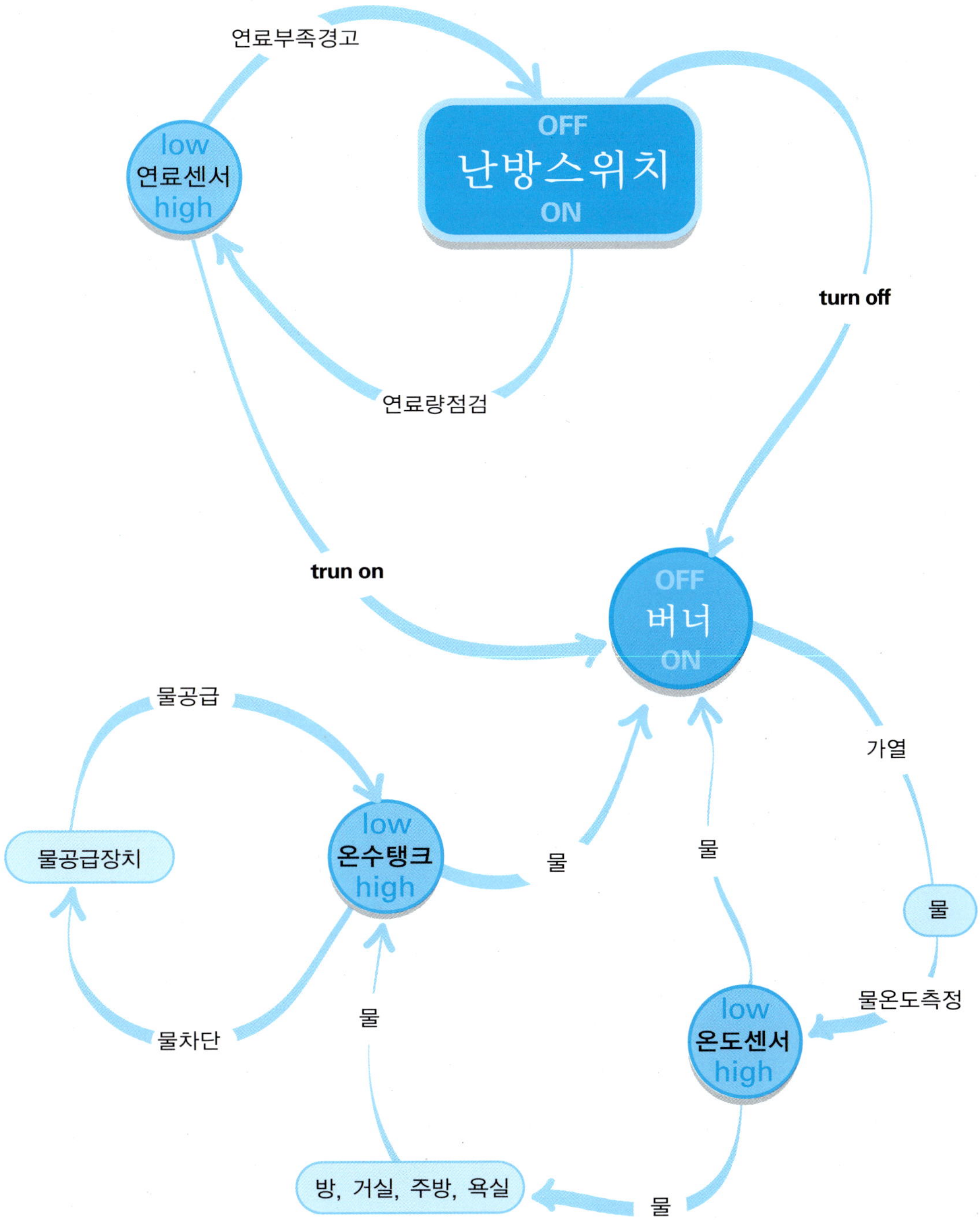

그림 4-29 보일러 컨셉맵

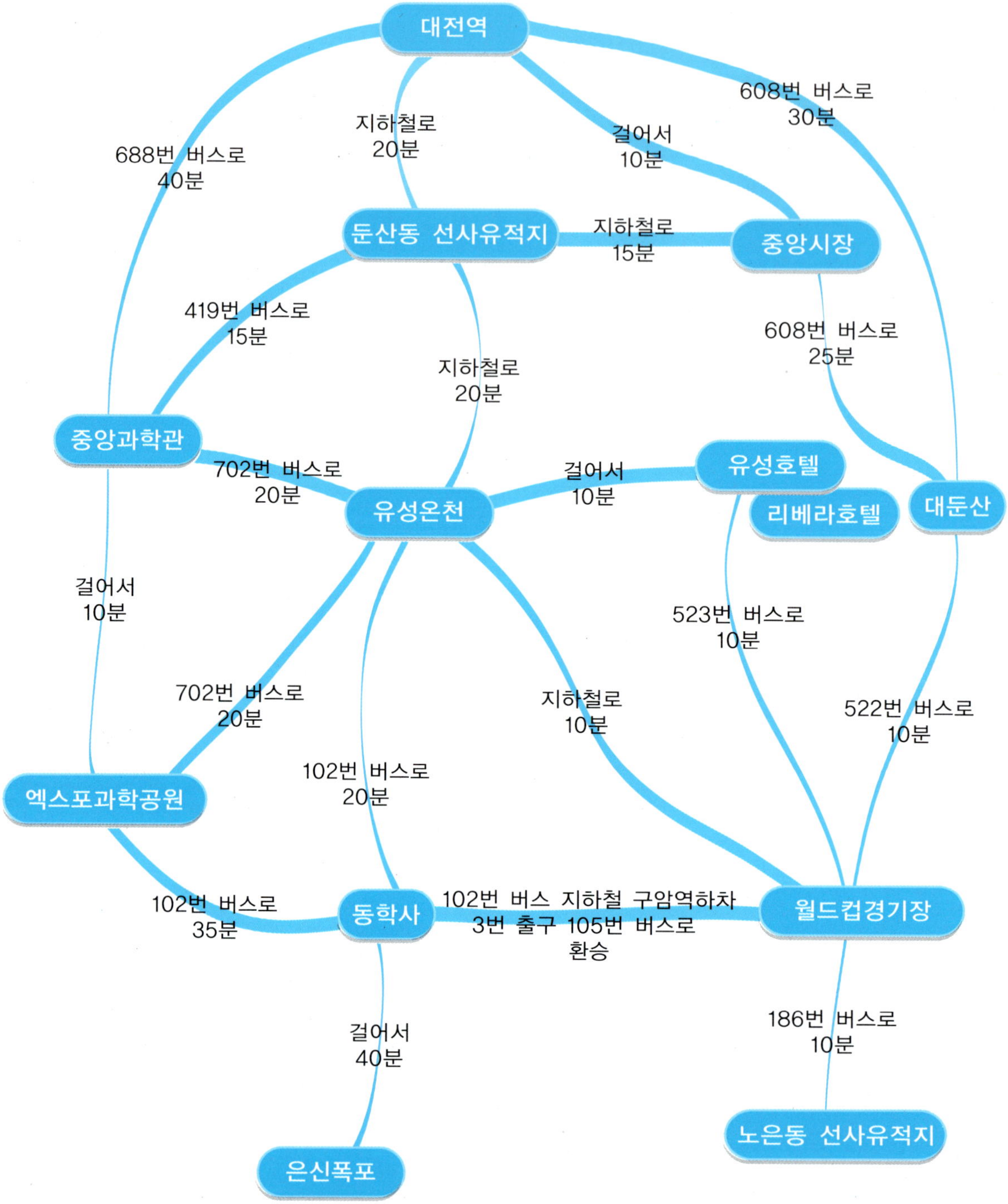

그림 4-30 관광지 찾아가기 컨셉맵

활동 11 10분 활동

– 자신의 집에서 주변에 있는 관광지를 찾아가는 컨셉맵을 작성해보자.

4.5 도표

특정 자료의 분석 결과를 알기 쉽게 나타내거나 작업의 진행 정도를 쉽게 알아볼 수 있도록 시각화한 것을 도표라고 한다. [그림 4-31]에 나타냈듯이 도표에는 막대그래프, 선그래프, 플로우차트(Flow chart), 파이차트(Pie chart), 간트차트(Gantt chart), 파레토도(Pareto chart) 등이 있으며 여기에서는 간트차트와 파레토도에 대해 설명한다.

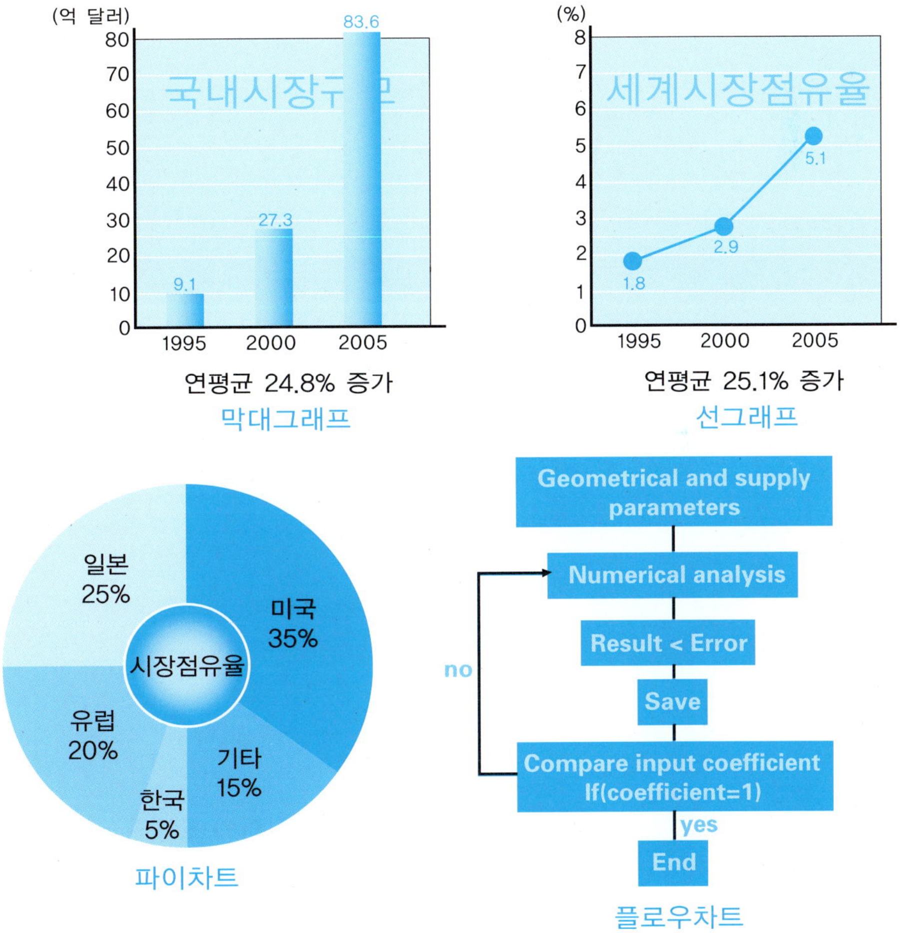

그림 4-31 각종 그래프

4.5.1 간트차트

간트차트는 카롤 아다미키(Karol Adamiecki)가 고안한 것이지만 헨리 간트(Henry Gantt)에 의하여 1910년에 엔지니어링 매거진에 발표되었기 때문에 간트차트라고 불린다. 간트차트는 프로젝트의 전체 일정을 한눈에 알아볼 수 있게 작성한 것이다. 정해진 프로젝트의 일정 기간 내에서 업무가 어떤 흐름을 가지고 있는지를 파악하기 위하여 프로젝트 일정에 따른 업무간의 상호 연관관계를 그래프로 표시한 것이다.

[표 4-3]은 12주 동안의 프로젝트 수행 계획을 위한 간트차트의 예를 보여주고 있다.

표 4-3 프로젝트 수행을 위한 간트차트의 예

일련번호	세부 내용	세부 추진일정 (12주)												비 고
		1	2	3	4	5	6	7	8	9	10	11	12	
1	문제 확인하기	■												
2	계획 수립하기	■	■											
3	정보 수집하기		■	■										
4	설계목표 구체화하기			■	■									
5	새로운 아이디어 찾기				■	■	■							
6	아이디어 평가하기					■	■	■	■	■				
7	제품 제작 준비하기										■	■	■	

4.5.2 파레토도

파레토도는 이탈리아의 경제학자 파레토에 의해 고안된 20 : 80 법칙을 그래프로 나타낸 것이다. 20 : 80 법칙은 파레토가 개미를 관찰하면서 발견한 것으로 열심히 일하는 개미와 일하지 않고 노는 개미의 비율이 20 : 80 정도의 비율을 가지고 있다는 것을 밝혀낸 것이다.

파레토는 이러한 자연현상이 인간에게도 나타나는가를 살펴보기 위하여 풍년이 난 해 농촌에 가서 조사한 결과 곡식이 많은 집과 곡식이 많지 않은 집의 비율이 20 : 80인 것을 밝혀낼 수 있었다. 이후 파레토는 자연의 현상이 인간에게도 같은 영향을 미친다는 것을 연구하다가 '파레토의 법칙'을 만들게 되었다. 파레토의 법칙은 인간생활에도 같은 비율로 적용된다고 알려져 있다. 예를 들면 직장에서 구성원의 20%가 80%의 일을 하고 있으며, 회사 전체의 매출액에서 80%의 비중을 차지하는 것은 생산품의 20%이며, 사회구성원의 20%가 80%의 부를 소유하고 있다는 것이다.

이 법칙을 제품이나 소비자 만족도 측면에서 살펴보면 특정 제품에 대한 소비자 만족도는 20%의 기능이 차지하고 있으며, 이 20%의 기능으로 인하여 80%의 소비자가 만족하고 있다고 말할 수 있다. 또한 제품의 특정 기능 이상이 전체 제품고장률의 20%를 차지하고 있으며, 이 기능의 고장 발생빈도는 다른 기능에 비하여 80%가 된다는 것을 말해준다. 따라서 이 20%를 해결한다면 제품의 소비자 만족도를 높일 수 있다.

[그림 4-32]는 어느 개인 블로그의 접속자 통계를 보여주고 있다. 전체 접속자 중

방문수	방문수	
1회	1,553	69.89%
2회	188	8.46%
3회	66	2.97%
4회	38	1.71%
5회	17	0.77%
6회	13	0.59%
7회	10	0.45%
8회	7	0.32%
9-14회	37	1.67%
15-25회	49	2.21%
26-50회	65	2.93%
51-100회	17	0.77%

그림 4-32 어느 블로그의 접속자 비율

1회 접속자는 1,663명으로 전체 접속자의 69.89%를 차지하고 있으며, 나머지 30.11%는 재접속자로 나타나고 있다.

[그림 4-33]은 블로그의 접속자의 방문시간을 보여주고 있다. [그림 4-32]에서 살펴보면 이 블로그의 신규 접속자 비율은 높은 편이지만, 신규 접속자는 블로그에 머무르는 시간이 전체 방문시간의 27.9%를 차지하고 있으며, 재 접속자는 전체 방문시간의 72.1%을 채워주고 있다는 것을 보여준다.

[그림 4-32]와 [그림 4-33]에서 알 수 있는 것은 1회 접속자보다 재 접속자들이 사이트 방문시간이 훨씬 많으므로 1회 접속자들이 다시 방문할 수 있도록 흥미로운 내용으로 블로그를 구성하고, 지속적으로 정보를 갱신해준다면 블로그 접속시간을 크게 늘릴 수 있다는 것을 나타내고 있다.

또한 방문자의 수를 토대로 하여 블로그의 내용을 추측해보면 5~8회의 접속자의 수가 매우 적게 나타나고 있다는 것을 알 수 있으며, 9~14회, 15~25회 이상의 접속자의 수를 판단해보면 소수의 10인 이하의 접속자들이 지속적으로 방문하고 있다는 것을 추측할 수 있다. 따라서 블로그를 채우고 있는 대부분의 내용은 일반적인 내용이 아닌 특정 분야의 정보를 가지고 있음을 알 수 있다. 이러한 사실은 [그림 4-33]의 내용으로도 확인할 수 있다.

[그림 4-34]는 블로그를 다녀간 사람들의 방문 수에 따른 웹브라우저 사용시간을 나타내고 있다. 웹브라우저로 인터넷 익스플로러를 사용하는 사람들이 웹사이트를

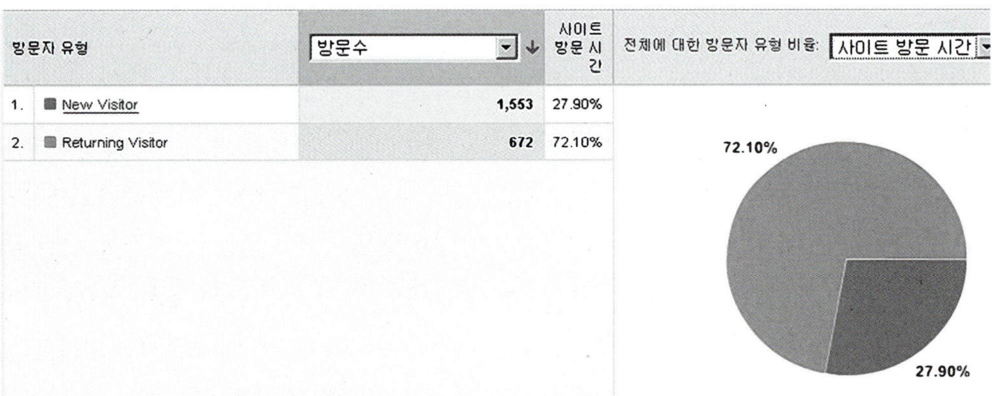

그림 4-33 어느 블로그의 방문자 유형에 따른 방문시간

	브라우저	방문수	사이트 방문 시간
1.	Internet Explorer	1,214	19.08%
2.	Firefox	731	72.72%
3.	Chrome	199	5.42%
4.	Safari	57	2.43%
5.	Opera	9	0.00%
6.	Mozilla	7	0.26%
7.	Mozilla Compatible Agent	7	0.09%
8.	SeaMonkey	1	0.00%

전체에 대한 브라우저 비율: 사이트 방문 시간

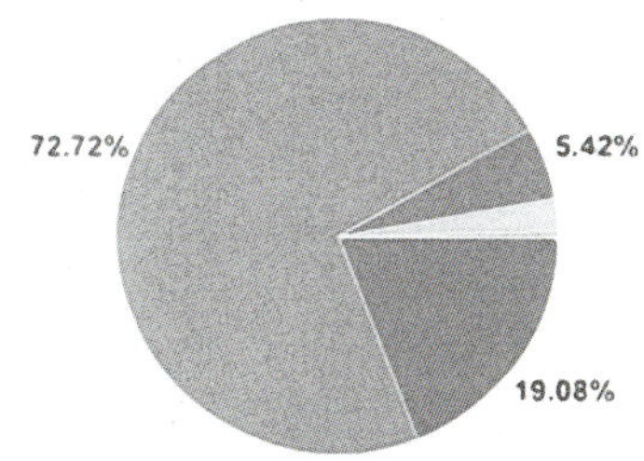

그림 4-34 어느 블로그 방문자들의 방문자 수에 따른 방문시간

방문한 시간이 많을 것으로 생각되지만 [그림 4-34]에서 나타낸 것처럼 인터넷 익스플로러의 경우 방문횟수는 많지만 방문시간이 전체 웹브라우저의 19.08%를 차지하고 있으며, Firefox, Chrome, Safari, Opera 등의 웹브라우저를 사용하는 방문객이 보다 많은 시간을 머무르고 있다는 것을 보여준다.

이러한 블로그의 통계는 완전한 20 : 80의 비율은 아니지만 20 : 80의 법칙은 자연계뿐만 아니라 웹상에서도 같은 유형으로 나타나고 있다는 것을 보여준다.

그러면 파레토도의 작성방법에 대하여 알아보기로 하자.

파레토도를 작성할 때에는 설문조사를 이용하기도 하며, 아래와 같은 순서에 의하여 작성한다.

① 파레토도를 작성하고자 하는 대상의 분류항목을 정한다.(예: 제품의 불량한 부분, 단골고객의 구매품목)
② 기간을 정한 다음 필요한 정보를 수집한다.
③ 분류항목에 따라 필요한 정보를 정리한다.
④ 분류항목에 따라 빈도수를 계산한 다음 가로축에 분류항목을, 세로축에는 빈도수를 기입하기 위한 눈금을 적는다.
⑤ 분류항목에 대한 막대그래프를 그린다.
⑥ 그래프의 오른쪽 세로축을 100%로 하는 데이터의 누적 빈도수를 꺾은선 그래프로 그린다.

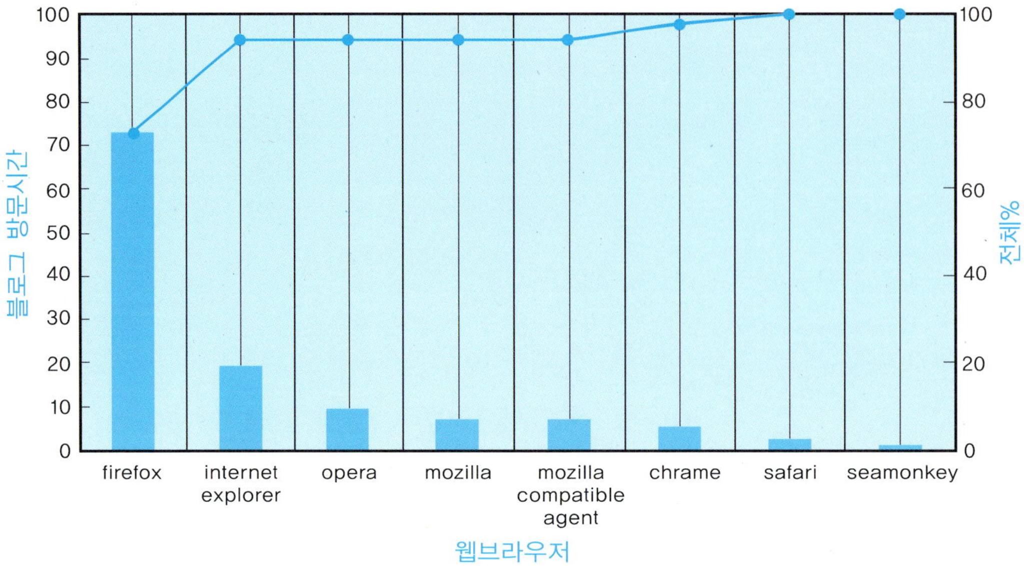

그림 4-35 어느 블로그 접속자의 방문시간에 대한 웹브라우저 사용 비율

[그림 4-35]는 위와 같은 과정에 의하여 작성한 블로그 접속자들의 방문횟수에 따른 웹브라우저 사용 비율을 파레토도로 나타낸 것이다.

Freshman's Introductory Engineering Design

제5장
공학설계 과정

위의 사진은 공학설계와 관련된 교과목에서 태양전지 자동차 경주대회를 위하여 학생들이 프리핸드 스케치한 도면과 제작품을 나타낸 것이다. 공학설계는 목표와 기준을 세우고, 조합, 분석, 제작, 시험, 평가하는 과정으로 경제성, 안전성, 신뢰성, 심미성, 윤리성, 사회적 파급 효과 등과 같은 현실적 요소를 반영하여 시장의 욕구를 만족시킬 수 있는 제품을 창조하는 활동이라 할 수 있다.

공학설계 문제는 체스 문제와는 달리 문제 정의와 문제 구조가 잘 정립되어 있지 않다. 이러한 공학설계 문제를 해결하기 위해서 이 장에서는 공학설계 과정을 제시하였다.

학습 성과

1. 공학설계 과정을 이해할 수 있다.
2. 공학설계 과정의 다양한 기법을 적용할 수 있다.
3. 공학설계 과정을 이용하여 제품을 설계할 수 있다.

5.1 공학설계와 설계 문제

공학설계는 톰슨(Thompson, 1998)이 그의 저서 〈*Creative Engineering Design*〉에서 언급한 바와 같이, 공학의 가장 중요한 부분이며 시장의 욕구를 만족시켜 주는 제품의 제작을 위한 일련의 총체적인 과정이다. 톰슨은 공학설계의 속성을 다음과 같이 제시하였다.

- 다 분야 간 연계된 과정
- 매우 복잡한 과정
- 창의력과 분석력이 필요한 과정
- 상호작용적 활동 과정
- 반복되는 과정

공학설계는 목표와 기준을 세우고 조합, 분석, 제작, 시험, 평가하는 과정이며, 이 공학설계 과정에 경제성, 안전성, 신뢰성, 심미성, 윤리성, 사회적 파급효과 등과 같은 현실적 제한 조건을 반영해야 한다(Haik, 2003).

성공적인 공학설계를 위해서는 먼저 해결해야 할 문제를 잘 정의하고 정립하는 것이 가장 중요하다. 공학설계 문제는 고객이나 기업 등의 요구로부터 시작되며, 이때의 요구사항은 형식이나 내용이 매우 다양하다. 공학설계 문제는 구체적인 해결안과 해결안을 찾을 수 있는 방법을 제시하고 있지는 않지만, 달성해야 할 목표와 고려해야 할 조건, 성공적인 해결안을 평가할 수 있는 기준 등을 포함하고 있다. 고객이나 회사의 경영자 등은 그 문제의 해결안이 무엇인지 모르는 상태에서 공학설계 문제를 제시하게 되며, 엔지니어가 제시하는 해결안을 보고서 공학설계 문제의 답을 알게 된다. 어떤 경우에는 해결안을 보고서도 공학설계 문제의 답을 인식하지 못하는 경우도 있다.

이와 같이 엔지니어가 도출한 해결안이 고객에게는 '전혀 가능할 것이라고 생각하지 못했던 것' 이거나, 심지어는 '자신이 원하는 것이지만 미처 생각하지 못하고 있던 것' 일 수도 있다. 공학설계 문제가 자세하게 진술되었다 할지라도 엔지니어가 어떤 해결안을 도출해야 할지를 모르는 경우도 많다. 공학설계 문제는 이와 같은 불확실성을 가지고 있기 때문에 엔지니어로 하여금 적극적으로 공학설계 문제를 해결하게 하는 특성을 가지고 있다.

크로스(Cross, 2000)는 공학설계 문제를 '잘 정의되고 잘 구조화된(well-defined and well-structured)' 체스 문제와는 달리 '잘 정의되지 못하고 잘 구조화되지 못한(ill-defined and ill-structured)' 문제로 정의하였다. '잘 정의되고 잘 구조화된' 문제는 명확한 목표와 정답이 있지만 '잘 정의되지 못하고 잘 구조화되지 못한' 문제는 그렇지 않다. 이러한 공학설계 문제를 해결하기 위하여 다양한 절차와 기법들이 개발되고 있으며 이를 적절히 이용하면 공학설계 문제를 보다 효과적으로 해결할 수 있다.

5.2 공학설계 과정

현대의 공학설계는 과거에 비해 복잡해지고 있으며 이용 가능한 새로운 재료와 장치, 엔지니어에게 주어지는 새로운 문제 등이 많아짐으로써 문제해결 능력이 더 요구되고 있다. 또한 오늘날 설계되고 있는 많은 제품은 매우 다양한 형태를 가지고 있으며 이전에는 존재하지 않았던 것이다. 앞으로도 지금까지 존재하지 않았던 새로운 제품이 설계될 것이다.

이러한 환경이 엔지니어에게 요구하는 공학설계 능력은 다양한 유형의 공학설계 문제에 적절히 대응할 수 있는 능력일 것이다. 이를 위해서는 적절한 공학설계 과정이 필요하다. 따라서 다양한 유형의 공학설계 문제의 해결에 적합하고 상황과 조건에 따라 적절히 선택 가능한 기법을 포함하는 공학설계 과정이 필요하다. 공학설계 과정에는 여러 가지 이론과 다양한 학설이 존재하지만 여기에서는 [그림 5-1]과 같이 7단계로 구성된 공학설계 과정을 제안한다.

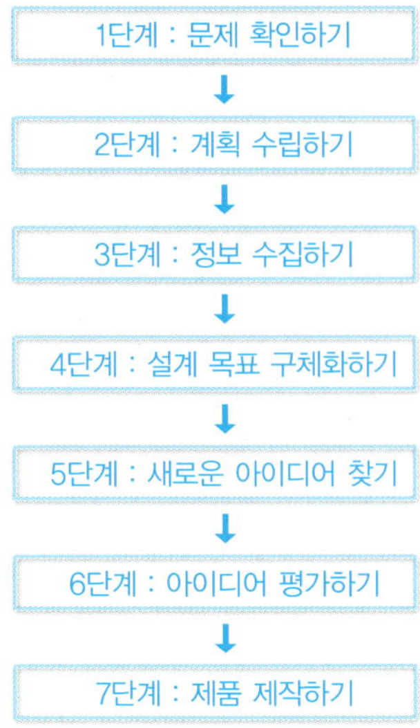

그림 5-1 체계적 공학설계 과정의 예시

공학설계 문제를 해결하는데 있어서 위에서 제시한 7가지 단계 모두를 수행할 필요는 없다. 예를 들면, 충분한 정보가 1단계 '문제 확인하기' 에서 고객에 의해 주어졌을 경우에는 3단계 '정보 수집하기' 또는 4단계 '설계 목표 구체화하기' 를 수행할 필요가 없을 수도 있다. 공학설계 문제 특성에 따라 위에서 제시한 공학설계 과정 중에서 엔지니어가 적절하게 각 단계를 선택하여 수행하는 것이 바람직하다.

또한 필요에 따라 각 단계에서 이전 단계로의 피드백이 가능하다. 예를 들면, 6단계 '아이디어 평가하기' 에서 제시된 아이디어의 평가가 만족스럽지 않은 경우 이전 단계인 3단계 '정보 수집하기' 또는 5단계 '새로운 아이디어 찾기' 등으로 돌아가 추가적인 정보를 수집하고 새로운 아이디어를 찾을 수 있다.

5.2.1 문제 확인하기

1) 필요성 인식

엔지니어는 고객의 요구를 만족시키고 이익을 창출할 수 있는 제품을 설계하여야 한다. 따라서 고객이 원하는 바를 확인하여 제품 설계의 필요성을 인식할 필요가 있다.

공학설계의 필요성은 고객의 요구 확인을 통하여 인식될 수 있다. 고객의 요구를 확인하는 방법으로는 [그림 5-2]와 [그림 5-3]에 나타낸 바와 같은 설문조사, 인터뷰 등이 있다. 예를 들면, 한 회사가 새로운 전자레인지를 생산하고자 할 때, 초기 단계에서 소비자가 느끼는 필요성을 확인하여야 한다. 이를 위해서 회사는 고객이 다가오기를 기다리기보다 직접 고객에게 접근해 필요성을 확인하여야 할 것이다.

그림 5-2 고객설문조사

그림 5-3 고객 인터뷰

현재의 고객이 원하는 바를 확인하는 방법 이외에 미래의 환경 변화를 고려하여 고객의 요구를 예측하는 것도 필요성을 인식하는 하나의 방법이 될 수 있다. 이 방법은 지구 환경의 변화, 트렌드의 변화 등을 고려하여 고객의 잠재적인 요구를 예측하고 제품 설계의 필요성을 인식하는 것이다.

활동 1 고객 요구 확인하기

– 미래 사회가 요구하는 자동차는 어떤 형태인지 조사해보자.

2) 문제 정의

문제 정의는 문제를 진술하는 것과 설계 제한요소를 결정하는 것으로 구성된다.

문제를 진술하기 위해서는 주의 깊게 생각한 후, 주어진 문제 상황을 간결하게 표현해야 한다. 다음과 같은 진술 방법을 권장한다.

- 창의적인 해결책을 위하여 문제의 본질을 고려하여 진술한다.
- 선입견을 개입시키지 않는다.
- 방법보다는 기능과 목적을 우선하여 문제를 표현한다.

대부분의 엔지니어들이 겪는 실수는 설계 상황으로부터 문제를 잘못 정의하고 이를 해결하려는 것이다. [표 5-1]은 문제 진술의 몇 가지 예를 제시한 것이다.

표 5-1 잘 정의된 문제 진술의 예

문제 상황	잘못 정의된 문제 진술		잘 정의된 문제 진술
달 착륙선이 달 착륙시 사진을 찍기 위하여 전기를 이용하여 어둠을 밝히는 전구를 설치하였으나 착륙시 진동과 진공압으로 전구가 깨짐	달 착륙시 깨지지 않는 전구 개발	➡	우주공간에서 켜지는 광원 개발
현재의 병따개는 어린아이가 따기에는 힘이 듦	어린아이가 사용할 수 있는 병따개 개발	➡	어린아이가 병으로부터 내용물을 손쉽게 빼내는 방법 개발
집안의 쥐를 박멸하는 방법	고성능 쥐덫 개발	➡	쥐를 밖으로 내모는 방법 개발
빨리 자라는 잔디를 관리하는 방법	초고속 잔디깎기 개발	➡	잔디를 일정 길이 이상으로 자라지 않게 하는 방법 개발
파나마운하 건설 중 황열병(yellow fever)과 말라리아가 발병함	질병의 원인인 개미를 퇴치하기 위한 방법 개발	➡	질병의 원인이 되는 매개체를 확인하여 퇴치하는 방법 개발

활동 2 문제 진술하기

– 다음의 설계 상황에 적합한 문제를 진술하라.

- 설계 상황 : 우리는 천연가스, 석유, 석탄 같은 화석연료를 사용한다. 이러한 화석연료는 계속 고갈되고 있다. 또한 화석연료의 사용에 의해 지구는 환경오염으로 위협받고 있다. 이 시점에서 인류의 가장 보편적인 이동 수단인 자동차의 동력 에너지를 변화시킬 필요가 있다. 이러한 지구 환경의 변화를 고려하여 미래형 자동차를 설계하고 모형을 제작하라.

설계하고자 하는 제품의 제한 요소를 정확하게 표현하는 것은 매우 중요하다. 설계 제한요소는 고객과의 충분한 의사소통을 통하여 정량적으로 표현하는 것이 중요하다.

설계 제한요소의 예를 들면 다음과 같다. 태양전지 자동차 경주대회에서 우승하기 위한 자동차는 가급적 가볍고 빠른 것이 좋을 것이다. 또한 가벼운 무게를 위해서는 가벼운 부품이 좋을 것이고 제작 비용도 가급적 경제적이면 좋을 것이다. 그러나 여기서 '가볍다', '빠르다', '경제적이다' 라는 용어들은 사람들마다 그 기준이 매우 다양하다. 고객과 설계자 간 또는 설계팀 내 구성원들 간의 정확한 의사소통을 위하여 설계 제한요소는 정량적으로 표현해야 한다. [표 5-2]는 설계 제한 요소의 예를 제시한 것이다.

표 5-2 제한요소의 예

정성적 제한요소		정량적 제한요소
가벼운 무게	→	10kg 미만의 무게
저렴한 가격	→	10만원 이내의 가격
빠른 가속력	→	시속 100km 도달시간이 6초 이내
가벼운 부품	→	두랄루민 소재 부품

활동 3 설계 제한요소 나열하기

– 미래형 자동차를 설계하고자 할 때의 설계 제한요소들을 나열하라.

3) 목표 명료화하기

고객이 엔지니어에게 처음으로 접근할 때, 그 요구가 매우 명확하게 표현되는 경우는 거의 없다. 대부분의 고객은 단지 원하는 제품의 유형만 알고 있을 뿐이며, 설계하고자 하는 제품에 관한 구체적인 아이디어는 가지고 있지 않다. 오히려 해결하고자 하는 문제만 가지고 있는 경우가 대부분이다.

따라서 공학설계는 불분명한 문제나 다소 모호한 요구사항으로부터 시작된다. 엔지니어에게 설계 목표가 완전하고 분명하게 진술되어 주어지는 경우는 거의 없다. 그러므로 공학설계 목표를 명료하게 하는 것이 설계 초기에 가장 중요하다. 비록 그 목표가 공학설계 과정 중에 변경되고 수정될지라도 목표를 명료화하는 것은 전반적인 설계 과정을 통제하고 관리하는데 도움이 되기 때문에 매우 중요하다.

목표계층도는 명료한 목표 진술에 도움을 주며 목표 간의 상호관계와 위계를 나타내는데 유용하다. 또한 목표계층도를 작성하는 절차는 목표를 명료하게 하는 데 도움을 주며, 고객의 요구사항을 구체화하는 데도 도움을 준다.

목표계층도를 작성하는 과정은 다음과 같다.

① 공학설계 목표의 목록을 준비하기
② 공학설계 목표 목록을 상위 목표와 하위 목표로 정리하기
③ 목표계층도 그리기

(1) 공학설계 목표의 목록을 준비하기

공학설계 문제는 매우 단순하게 진술되어지는 경우가 많다. 이렇게 단순하게 설계 문제가 제시되는 것은 고객 자신이 원하는 것이 무엇인지를 확실하게 알지 못하거나 자신이 원하는 것을 엔지니어가 완전히 알고 있을 것이라고 판단하기 때문이다. 또는 엔지니어에게 최대한의 융통성을 주기 위한 배려일 수도 있다. 이러한 상황은 엔지니어에게 유리할 것처럼 보이지만 최종적인 해결안이 고객이 원하는 것이 아닐 경우 큰 문제가 발생할 수도 있다. 따라서 주어지는 문제를 바탕으로 설계 목표를 명료하게 설정하는 것이 매우 중요하다.

공학설계 목표는 설계를 통해 달성해야 하거나 충족시켜야 하는 하위 목표들의 집합체이다. 공학설계 목표는 공학설계 문제에 포함되어 있으며 고객에게 직접 질문을 함으로써 얻을 수도 있고 설계팀 내에서의 토론을 통해서도 얻을 수 있다.

초기에 진술하는 목표는 '제품이 안전해야 하며 신뢰할 수 있어야 한다' 와 같이 단순하고 다소 모호할 수 있다. 그러나 보다 구체적이고 명확한 목표를 얻기 위해서는 이러한 진술을 확장시키고 명료하게 하여야 한다.

모호한 목표를 보다 명료화하기 위한 한 가지 방법은 보다 자세하게 쓰려고 노력하는 것이다. '안전해야 한다' 라는 모호한 목표는 '사용자가 다칠 위험이 적어야 한다', '사용자가 실수할 위험이 적어야 한다' 등과 같이 보다 명료하게 진술할 수

있을 것이다. 이외에도 목표를 보다 명료하게 하기 위해서 '왜?', '어떻게?', '무엇을?' 등과 같은 질문을 하는 것도 도움이 된다.

휴대용 정수기의 설계 목표 목록에 관한 예를 들면 [표 5-3]과 같다.

표 5-3 휴대용 정수기의 설계 목표 목록

설계 목표 목록
1. 재료비가 적게 들것
2. 안전해야 한다.
3. 가능한 많은 양의 물을 정수할 수 있을 것
4. 사용자가 실수할 위험이 적어야 한다.
5. 경제성
6. 사용자가 다칠 위험이 적어야 한다.
7. 안전성
8. 오래 사용할 수 있을 것
9. 고장이 잘 나지 않을 것
10. 사람에 관한 안전
11. 환경에 관한 안전
12. 재료비가 저렴할 것
13. 화학 물질을 검출 가능할 것
14. 제작비가 저렴할 것
•
•

(2) 공학설계 목표 목록을 상위 목표와 하위 목표로 정리하기

여러 공학설계 목표를 나열하다 보면 포괄적인 목표도 있고 구체적인 목표도 있다. 즉, 상위목표와 하위목표로 구분할 수 있다. 여기서 하위목표는 상위목표를 달성하기 위한 수단이다.

예를 들어 설명하면, '사용자가 다칠 위험이 적어야 한다'와 '사용자가 실수할 위험이 적어야 한다'는 '안전해야 한다'를 달성하기 위한 하위 목표가 된다.

이렇게 상위 목표와 하위 목표로 구분하고, 다시 하위 목표를 더 낮은 수준의 하

위 목표로 구분할 수도 있다. 이렇게 목표를 확장해갈수록 보다 명료한 목표화가 가능하다. [표 5-4]는 상위 목표와 하위 목표의 구분을 보여주는 예시이다.

표 5-4 상위 목표와 하위 목표의 구분

상위 목표	안전성	경제성	효율성
하위 목표	• 사람에 관한 안전 • 환경에 관한 안전	• 고장이 잘 나지 않을 것 • 재료비가 저렴할 것 • 오래 사용할 수 있을 것 • 제작비가 저렴할 것	• 문제해결시간 최소화

(3) 목표계층도 그리기

앞에서 언급한 상위 목표와 하위 목표로 구분한 목록을 시각화하여 제시하면 보다 구체적으로 목표 간의 상호관계와 위계를 확인할 수 있다. 이러한 목표들은 나무 구조의 형태로 표현하는 것이 가장 적절한 방법이다. 나무 형태의 그림으로 표현하는 것은 설계 문제의 목표에 관한 엔지니어의 이해를 명확하게 하는데 도움을 준다. 또한 팀 구성원들 간의 의견을 일치시키는 데도 매우 효과적이다. 물론 목표계층도는 설계 과정이 진행됨에 따라 변경될 수도 있다.

이렇게 목표계층도를 작성하는 것은 전체의 공학설계 과정을 통해 유용하게 사용되므로 가능한 한 명료하게 구체화시켜서 표현하는 것이 매우 중요하다.

[그림 5-4]는 휴대용 정수기에 관한 목표계층도를 예로 제시한 것이다. 직접 손으로 작성하는 것도 좋은 방법이지만 마인드맵 등의 디지털 도구를 이용하여 작성하는 것이 소요되는 작업 시간을 절약하며 손쉽게 수정할 수 있으므로 보다 효과적이다.

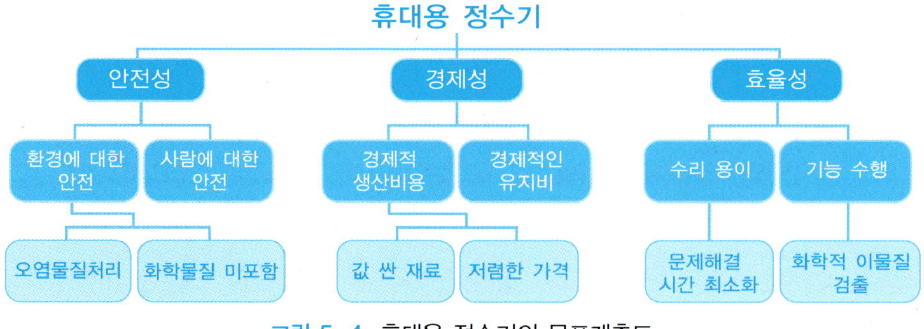

그림 5-4 휴대용 정수기의 목표계층도

활동 4 목표계층도 그리기

– 미래세계의 자동차 설계를 위한 목표를 목표계층도로 표현하라.

5.2.2 계획 수립하기

대부분의 사람은 자신이 무엇을 해야 하는지 알고 있을 때 일을 더욱 효과적으로 처리한다. 공학설계의 경우도 초기 단계에서 계획을 세우고 이에 따라 과정을 관리한다면 더 좋은 결과를 가져올 수 있다. 공학설계 과정에 관한 계속적인 관리는 공학설계의 효율성을 증대시킬 수 있는 기회가 될 수 있다.

실제 공학설계에서 전체 과정에 대한 관리는 매우 복잡한 작업일 수 있지만 이로 인해 공학설계 과정의 효율성을 매우 높게 증대시킬 수 있다. 공학설계 과제에 관한 관리의 기본적인 절차는 계획 세우기, 평가하기, 조정하기의 순서로 진행된다.

공학설계 계획 세우기는 과제를 완성하기 위한 가용 자원과 제품 제작 기한 등을 고려해야 한다. 또한 누가, 무엇을, 언제, 어떻게 작업하는지를 포함해야 한다.

작업 일정 관리 방법은 여러 가지가 있다. 제품 제작 기한이 정해졌다면 제작 기한을 기점으로 하여 역으로 계산해나가는 방법이 적합할 수 있다. 예를 들면, 제품 납기일이 12월 15일이라고 할 때, 설계 마감일은 제작에 소요되는 기간을 고려하여 결정하면 된다. 제작 소요 기간이 1개월이라면 설계 마감일은 11월 15일이 되는 것이다.

계획은 개략적으로 세운 후 구체적으로 발전시키는 것이 좋다. 특히 규모가 큰 과제의 경우는 작은 하위 과제로 구분하는 것이 구체적으로 계획을 세우는데 도움이 된다. 훌륭한 계획은 공학설계 과정의 각 단계와 단계에서의 작업을 고려하여 작성하는 것이다.

불확실성에 관한 대비도 중요하다. 예를 들면, 완성 일자가 확실하지 않다면 다음 작업의 시작 일자는 당연히 불확실하게 될 것이다. 설계 작업과 관련된 가치 있는 자원의 낭비를 줄이기 위해서는 예상외로 길어진 작업에 대응할 수 있도록 차선의 계획을 확보하는 것이 매우 중요하다.

활동 5 공학설계 계획 초안 작성하기

– 태양전지 자동차를 제작하기 위한 계획의 초안을 작성하라.

공학설계 과정의 계획과 실제를 일치시키기 위해서는 정기적으로 검토하고 조정하는 것이 필요하다. 계획상의 시작 시기와 종료 시기를 실제 설계 과정에서의 시작 시기와 종료 시기와 비교하고 예상 소요 시간과 비용을 실제와 비교하여야 한다. 이러한 작업을 통하여 계획과 실제와의 차이를 감소시켜가는 과정이 필요하다. 계획과 과정을 일치시키기 어려울수록 불확실성은 더욱 증가하게 될 것이고 제품 완성 기한을 맞추는 것은 더욱 어렵게 될 것이다.

정기적인 평가는 현재의 진행 상황에 관한 검토를 통하여 과정을 향상시키는 것뿐만 아니라, 미래의 손실이나 비용을 절감하는 중요한 수단이기도 하다. 따라서 계획에 따라 과정이 잘 진행되고 있는지에 관한 정기적인 검토는 공학설계 과정에 있어서 매우 중요한 사항이라 할 수 있다. 마감 시한 전에 발생할 수 있는 다양한 상황에 대해서 정기적으로 확인하고 검토하는 것은 리더가 지녀야 할 의무감이다.

진행 상황에 관한 정기적인 검토는 팀을 효율적으로 관리할 수 있으며 프로젝트의 진행 상황을 항상 확인할 수 있다. 계획 진행 상황에 관한 정기적인 검토는 간트 차트나 퍼트(PERT) 차트를 이용하면 편리하다.

계획된 시기와 실제 시기와의 차이가 발생할 때 계획을 일부 수정하게 된다. 정기적인 검토가 프로젝트 관리에 매우 중요하다는 것은 분명하다. 정기적인 검토를 통해 수집된 정보는 계획을 수정하는 것뿐만 아니라 어떻게 수정해야 하는지에 관한 정보를 제공해준다. 예를 들면, 초기에 산정된 작업 기간과 실제 작업 기간에 관한 평균적인 차이는 실제 작업에 필요한 소요 기간에 관한 정보를 제공한다. 또한 각 재료들이 어떻게 사용되었는가에 관한 데이터는 자원을 낭비하였는지 또는 부족한지에 관한 정보를 제공한다. 이러한 정보들은 앞으로 계획을 어떻게 세워야 하는지에 관한 기초 자료로 활용하게 된다.

활동 6 공학설계 계획 검토하기

- 태양전지 자동차를 제작하기 위한 계획을 팀 구성원이 함께 검토해보자. 필요한 경우 계획을 수정한다.

5.2.3 정보 수집하기

제품을 개발하고 개선하기 위해 필요한 자본과 시간을 투자하기 전에 신제품 개발이 과연 사업성이 있는지를 공학설계 과정 동안에 판단할 필요가 있다. 대부분의 경우, 수박 겉핥기 식의 시장조사로 인해 제품 개발이 실패할 수 있으므로 전체 시장에 관한 포괄적인 조사가 요구된다. 조사 내용으로 제품에 관한 경향, 시장성, 경쟁력, 소비자의 요구사항 및 소비자의 감성지수 등이 포함될 수 있다. 이러한 시장 분석은 설계 과정의 초기 단계에서 이루어져야 하는데, 이는 향후 제품에 관한 요구사항을 규정하는 중요한 역할을 하며 엔지니어가 문제를 해결하는 과정에서 손쉽게 다른 조건들을 파악하는데 도움을 준다.

정보 수집하기 단계에서는 해결책을 제시하기보다는 더 나은 해결책을 얻기 위한 정보의 수집에 초점을 맞추는 것이 중요하다. 정보수집의 단계는 공학설계 과정에서 다양한 해결책을 찾을 수 있도록 도와준다. 또한 요구사항의 규모와 경쟁대상을 인식시켜주며 나아가 제품 개발을 통해서 얻을 수 있는 것이 무엇인지를 알려준다.

1) 고객의 요구사항 도출하기

고객의 요구사항을 도출하는 방법은 여러 가지가 있다. 대표적인 방법들로는 설문조사, 타운와칭(town watching) 등이 있다.

(1) 설문조사(questionnaire survey)

설문조사는 조사 연구에서 가장 많이 사용되는 방법으로 미리 작성한 설문지를 응답자에게 주고 응답자가 주어진 질문에 답을 스스로 기입하게 하는 방법이다. 설계 제품에 대한 고객의 요구사항 도출을 위하여 많은 고객을 대상으로 비교적 짧은 시간에 다양한 정보를 수집할 수 있는 방법이다.

설문조사의 과정을 간단하게 제시하면 다음과 같다.

① 조사 목적과 조사 대상을 결정한다.
② 설문지를 작성한다.
③ 설문조사 결과를 분석한다.

설문조사에서는 가장 먼저 조사 목적과 조사 대상을 결정하게 된다. 공학설계에서 설계하고자 하는 제품에 대한 고객의 요구사항 도출이 그 목적이 될 수 있다. 설계할 제품의 잠재적 고객은 설문조사의 대상이 된다.

조사 목적 및 조사 대상을 결정한 후, 설문지 작성을 한다. 설문지 작성은 설문조사에서 가장 중요한 부분이다. 설문지는 두 가지 기본 목적을 갖는다. 첫째는 조사 목적과 관련 있는 정보를 얻는 것이며, 둘째는 정보가 최대한 신뢰도와 타당도를 갖도록 수집하는 데 있다. 설문지 작성을 위해서는 조사 내용과 범위를 결정해야 한다. 그 다음에 설문지 형식을 결정한다.

설문지는 크게 면접 설문지와 자기보고 설문지로 구분된다. 면접 설문지는 응답자에게 구두로 질문을 하고 응답 내용을 설문지에 기입하는 방법이고, 자기보고 설문지는 응답자 스스로 설문 내용을 확인하고 기입하는 방법이다.

설문은 다음과 같이 4가지 형태로 구분할 수 있다(Backstorm & Hursh, 1963, 박도순, 2001, 재인용).

① 사실에 관한 질문 : 응답자의 사회적 또는 개인적 속성에 관한 정보를 얻기 위한 질문을 말한다. 응답자의 연령, 성, 직업 등에 관한 질문이 포함된다.

예 1. 남자입니까? 여자입니까?

예 2. 직업이 무엇입니까?

② 의견 및 태도에 관한 설문 : 의견을 묻는 질문은 응답자가 특정한 시점에서 특

정 주제에 관해서 어떻게 생각하고 느끼는가를 알아보기 위한 질문을 말한다. 태도에 관한 질문은 인간의 기본적 성향을 이해하기 위한 질문이다.

예 1. 미래형 자동차로 태양전지 자동차를 개발하는 것에 찬성하십니까, 반대하십니까?

예 2. CO2 배출 감소를 위한 에너지 사용 규제 법률에 관해서 어떻게 생각하십니까?

③ 정보에 관한 설문 : 조사하고자 하는 주제에 관한 응답자들이 갖고 있는 지적 수준을 알아보기 위한 질문을 말한다.

예 1. 태양전지의 원리를 알고 있습니까?

예 2. 태양전지 자동차의 구조를 알고 있습니까?

④ 행동에 관한 설문 : 응답자로 하여금 자신의 행동에 관하여 설명하도록 하는 질문을 말한다.

예 1. 태양전지 자동차를 만들어 본 경험이 있습니까?

예 2. 자동차 운전을 할 줄 아십니까?

설문지의 유형은 응답 형식에 따라서 크게 구조화된 설문지와 비구조화된 설문지로 구분된다. 비구조화된 설문지는 응답자로 하여금 자유롭게 응답하는 형식으로 어떤 주제에 관한 의견을 자세하게 물어보는데 적합한 방식이다. 예비 조사나 탐색적 조사 등에 흔히 쓰이며 대규모 조사보다 소규모 조사에 적합하다. 그러나 응답의 해석에 편견의 개입 가능성이 높고 응답자에게 응답 부담을 주는 것이 단점이다. 또한 구조화된 설문지에 비해 시간이 많이 걸리고 표현력이 부족한 응답자에게 실시하는 경우 응답이 부족할 수 있다.

예 1. 자동차를 구입할 때 고려하는 요소는 무엇입니까?

예 2. 아름다운 자동차를 결정하는 요인은 무엇이라고 생각합니까?

구조화된 설문지는 응답자가 선택할 수 있는 내용이 제시되고 그중 하나를 선택하는 형식이다. 그러므로 구조화된 설문지는 비구조화된 설문지에 비해 설문 응답에 소요되는 시간이 적으며 응답의 처리와 해석이 쉽다. 그러나 응답자의 의견을 충분히 반영하는 데는 어려움이 있다. 구조화된 설문지에는 선택형, 체크리스트형, 평정척도형 등이 있다.

선택형은 응답할 것이라고 예상되는 여러 가지 선택 사항을 제시하고 응답자로 하여금 선택하도록 하는 방법이다. 주의할 점은 응답 가능성이 있는 여러 가지 응답의 내용을 선택 항목에 가능한 한 모두 포함시켜야 한다는 것이다.

예 1. 다음 중 가장 선호하는 자동차의 색깔은 무엇입니까?

① 흰색 ② 검정색 ③ 파란색 ④ 빨간색 ⑤ 은회색

⑥ 갈색 ⑦ 노란색 ⑧ 자주색 ⑨ 카멜레온색 ⑩ 기타(　　　　)

예 2. 다음 중 가장 선호하는 자동차 종류는 무엇입니까?

① 경차 ② 소형차 ③ 준중형차 ④ 중형차 ⑤ 대형차

⑥ 스포츠카 ⑦ SUV ⑧ RV ⑨ 승합차 ⑩ 기타(　　　　)

체크리스트형은 어떤 행동이나 특성을 목록화하고 해당하는 목록에 표시하는 방식의 설문 형식이다. 체크리스트형은 행동 특성이나 사건의 발생 여부에 관심이 있을 때 사용하는 것이 좋다.

예 1. 다음 질문을 읽고 해당하는 사항에 '○' 표 하시오.

1. 자동차 튜닝을 해 본 적이 있다. 그렇다(　) 아니다(　)

2. 자동차를 직접 정비해 본 적이 있다. 그렇다(　) 아니다(　)

평정척도형은 미리 정해진 척도에 응답하도록 만든 설문 형식이다. 체크리스트와는 달리 어떤 특성의 유무에 관한 평가보다 어떤 특성의 정도나 질적 수준을 평가하고자 할 때 사용하는 것이 좋다.

예 1. 다음 각 문항을 읽고 해당하는 곳에 '○' 표 하시오.

번호	문 항	매우 동의하지 않는다	동의하지 않는다	보통이다	동의한다	매우 동의한다
1	자동차는 승차감이 가장 중요하다	①	②	③	④	⑤
2	자동차는 내구성이 가장 중요하다	①	②	③	④	⑤

(2) 타운와칭

젊은이들이 모여드는 거리나 생활양식을 관찰하고 시대의 경향을 포착하는 방법을 타운와칭(town watching)이라 한다. 이는 기업에서 마케팅을 위한 방법으로 주로 활용해왔다. 단순히 거리의 겉모습만을 관찰하는 것이 아니라 거리를 구성하는 여러 요소들을 살펴봄으로써 그 시대의 트렌드를 파악하는 방법이다.

타운와칭은 공학설계에서도 소비자들의 요구사항을 파악하는데 유용하게 활용될 수 있다. 또한 개발 중인 설계 제품과 개발된 제품에 관한 소비자들의 직접적인 평가 기회를 가질 수 있어 개선을 위한 매우 다양하고 풍부한 정보를 얻기에도 좋은 방법이다.

타운와칭의 방법에는 크게 정점법, 비교법, 탐정법이 있다(신한종합연구소, 1995).

정점(定點)법은 관찰자가 한 곳을 지정하고 집중적으로 관찰하는 방법을 말한다. 백화점의 출입문이나 특정 거리의 한 장소를 정하고 이곳을 오가는 사람들을 관찰하는 방식이다. 이 방법은 단시간 내에 트렌드를 일목요연하게 파악할 수 있는 장점을 가지고 있다. 특히 관찰자의 의도에 적합한 장소를 선정하는 것이 매우 중요하다.

비교법은 장소와 장소 또는 사람과 사람을 상호비교하는 방법과 한 지역을 대상으로 시차를 두고 어느 한 시기와 다른 시기를 비교하는 방법이 있다. 장소와 장소 또는 사람과 사람을 비교하는 방법은 장소와 사람 각각의 특징을 파악하는데 유용하며 주로 타운와칭의 초기 단계에 활용하는 방법이다. 한 지역을 대상으로 시기와 시기를 비교하는 방법은 사라지는 것과 새로 생기는 것 또는 퇴조하는 것과 새로 유행하는 것을 비교하는데 유용하다. 어떤 시간을 중심으로 특정 거리의 변화를 살피는데 적합하다.

탐정(探偵)법은 앞의 두 방법보다 한 차원 높은 방법으로 관찰자가 탐정이 되어 트렌드를 추적하는 방법이다. 어떤 트렌드의 진원지나 전파 경로, 현재의 상황과 앞으로의 진행 방향 등을 세밀하게 짚어나가는 방법이다.

실제 거리의 상황은 매우 유동적이기 때문에 어느 한 방법에 전적으로 의존하는 것은 바람직하지 않다. 다양한 상황에 유연하게 대처하면서 방법을 달리하는 것이 좋다. 결국 관찰자가 자신만의 고유한 노하우를 체득하고 이를 잘 활용하는 것이 중요하다.

일반적으로 타운와칭에서 가장 많이 활용되는 관찰 대상으로 사람, 상품, 매장을 들 수 있다. 이들에 대해서 자세히 살펴보면 다음과 같다.

사람은 움직이는 정보원이라 할 수 있다. 다양한 유형의 사람에 따라 다른 행동 양식과 가치관을 보여준다. 이런 점들을 유심히 관찰하는 것이 중요하다.

상품은 사람의 감성이나 취향이 응집된 결정체이다. 상품을 통하여 무엇을 선호하고 그 이유가 무엇인지를 알아내는 것이 중요하다.

매장은 소비자의 교류 장소이며 디스플레이나 인테리어를 통해 고유한 개성을 나타내는 장소이다. 사람의 감성이 어떠한 형태로 표현되고 있는가를 탐색할 수 있는 장소이다. 따라서 관찰자는 매장을 통해서 그 시대의 감성 변화를 읽어내는 것이 중요하다.

거리 관찰을 위해서는 몇 가지 준비물이 필요하다. 거추장스러울 수 있지만 여러모로 도움이 될 수 있다. 기록을 위한 도구는 기억의 한계를 극복하고 데이터베이스를 구축하는데 매우 유용하다. [표 5-5]는 타운와칭에 필요한 준비물을 나타낸 것이다.

표 5-5 타운와칭 준비물

측정 도구	기록 도구	기타
시계	소형 녹음기	편리한 복장
카운터기	카메라	지도 및 지역정보 자료
만보기	캠코더	망원경
전자계산기	관찰일지 혹은 수첩	가방
측정용 기구	필기도구	

기록을 위한 도구로 가장 대표적인 것이 관찰지이다. 관찰지에 기본적으로 기록해야 하는 것들은 다음과 같다.

① 기본 사항 : 방문지, 방문 시간, 아이템 등
② 핵심 포인트 점검 : 호기심을 유발하는 임팩트와 독특성, 사람이 모이는 밀집도와 흡인력 등
③ 사전 검토사항 : 기획 구상, 거리의 발전 패턴과 역사, 사람들의 라이프스타일, 유행의 변화 추세 등에 관한 지식 등
④ 뉴룩(new look) : 새로운 움직임 등
⑤ 인터뷰 : 트렌드 메신저와 크리에이터, 거리를 찾는 사람들과의 면접
⑥ 키워드 분석 : 새로운 컨셉의 발굴
⑦ 기획 힌트 추출 : 추출된 키워드와 데이터를 조합해 새로운 기획의 힌트를 얻어내고 사업화에 관한 가능성 검토

타운와칭의 보편적인 과정은 다음과 같다.

1. 장소 선정 : 공학설계 제품에 관한 잠재 고객이 가장 많이 모이는 장소를 선정한다.
2. 기간 선정 : 고객의 다양한 의견을 모으기에 적절한 기간을 선정한다.
3. 정보 수집 : 사람, 상점, 거리 등을 중심으로 원하는 정보를 수집한다.
4. 데이터 분석 : 수집한 정보를 시각화하고 이에 관한 설명을 첨부한다.
5. 트렌드 정리 : 분석된 내용을 바탕으로 트렌드를 정리한다.

활동 7 타운와칭 해보기

– 직접 거리로 나가서 사람들이 원하는 미래의 자동차는 무엇인지 타운와칭 방법을 이용해 확인하여 보자. [표 5–6]을 작성하여 제출하라.

Freshman's Introductory Engineering Design

표 5-6 미래의 자동차에 관한 타운와칭 기록지

목 적	사람들이 원하는 미래의 자동차 조사하기		
대 상		위 치	
아이템		전화번호	
일 시		관찰자	
관찰내용			
키워드			
비 고			

2) 요구사항 종합하기

문제 확인하기 단계에서 주어진 요구사항(Demands)과 설문지법과 타운와칭을 통하여 수집된 요구사항(Wants)을 보다 구체적으로 제시할 필요가 있다. 요구사항 명세서는 다양한 방법을 통하여 도출된 모든 요구사항들을 체계적으로 표현한 것이다.

요구사항 명세서에서는 Demands와 Wants로 구분하여 설계에서 필요한 요구사항을 제시한다. Demands는 필수적으로 설계에 반영되어야 하며, Wants는 고객의 요구 정도에 따라 가중치를 설정하여 설계에 반영될 수 있다.

[표 5-7]은 태양전지 자동차의 요구사항 명세서에 대한 예시를 제시한 것이다. Demands는 필수적으로 요구되는 사항이므로 중요도를 10으로 놓았으며, Wants는 고객의 요구 정도에 따라서 설정하였다.

표 5-7 태양전지 자동차의 요구사항 명세서

태양전지 자동차의 요구사항 명세서		
D/W	내 용	중요도(1~10)
D	자동차의 크기는 30cm×20cm×20cm	10
D	외부 디자인에 심미성을 부여할 것	10
D	최대한 빠르게 제작	10
D	제작비용의 최소화(20,000원 이하)	10
D	기어의 최소화로 마찰손실을 줄일 것	10
W	헤드라이트로 심미성 강화	8
W	주행 중 멜로디가 나오는 독창성	6
W	주행의 안정성(일정한 방향)	9
W	고장이 적을 것	9
W	가능한 작게 제작	9

3) 기존 제품 분석하기

목표 명료화하기 단계와 계획 수립하기 단계를 거쳐 고객의 요구를 도출한 후에는 경쟁 제품 또는 기존에 개발된 제품에 관해서 분석을 하는 것이 중요하다.

기존 제품에 관한 분석은 다른 엔지니어가 비슷한 유형의 공학설계 문제들을 어떻게 해결했는지를 확인할 수 있는 기회를 갖게 한다. 이러한 기존 제품에 관한 분석 과정은 자신이 구상한 제품 설계 과정과 해결안을 다른 엔지니어의 설계 과정과 해결안과 비교함으로써 더 나은 해결책을 찾는데 도움을 준다.

기존의 제품을 분석할 때 유용한 방법으로 기능분석법이 있다. 기능분석법은 기존 제품의 필수적인 기능들을 체계적으로 확인할 수 있으며, 더 나아가 설계될 제품이 충족시켜야 할 최소한의 조건들을 구체화시키는데 도움을 준다.

기능분석법은 다음과 같은 과정을 거쳐서 수행된다.

① 제품의 전체 기능을 입력과 출력으로 전환하여 블랙박스로 표현하기
② 전체 기능을 필수적인 기능들로 세분화하기
③ 필수 기능들 간의 상호작용을 보여주는 블록 다이어그램을 그리기

(1) 블랙박스로 표현하기

기능분석법의 첫 번째 단계는 제품의 전체적인 기능을 블랙박스로 표현하는 것이다. 우리가 설계하게 될 제품은 반드시 외부로부터 어떤 입력을 받게 된다. [그림 5-5]와 같이 블랙박스에 주어진 입력은 설계 제품의 고유한 기능 수행을 통하여 얻고자 하는 목표인 출력을 내놓게 된다.

그림 5-5 블랙박스

따라서 공학설계 제품이 수행해야 하는 기능을 이해하기 위해서는 어떤 입력을 받아 어떤 출력을 내놓아야 하는지를 정의하는 것이 선행되어야 한다.

세탁기의 예를 든다면, '더러운 옷'은 세탁기의 입력이 될 수 있을 것이며, '깨끗한 옷'은 세탁기가 어떤 기능을 수행함에 따른 결과로 나타내는 출력이 될 수 있

다. 여기서 세탁기의 고유한 기능은 무엇인가? 바로 '더러운 옷'을 '깨끗한 옷'으로 만드는 것이 세탁기의 고유한 기능이 되는 것이다. [그림 5-6]은 세탁기의 블랙박스를 예로 제시한 것이다.

그림 5-6 세탁기의 블랙박스

이때 블랙박스 안에는 더러운 옷을 깨끗한 옷과 오물로 구분하기 위한 다양한 기능들이 감추어져 있는 것이다.

(2) 세부적인 기능 표현하기

어떤 입력이 주어졌을 때, 요구하는 출력으로 변화시키기 위해서는 몇몇 기능들이 수행될 것이다. 이러한 기능들은 순차적으로 진행될 것이며, 각각의 기능 수행에는 추가적인 입력이 필요한 경우도 있고 부가적인 출력이 발생하는 경우도 있다.

요구하는 출력으로 변화시키는 기능들을 세부적으로 분류하고 각각의 기능 수행에 필요한 추가적인 입력과 출력을 표현하는 것이 필요하다.

기능들을 표현할 때는 '~하기'와 같이 제품이 수행해야 하는 기능을 동사로서 진술하는 것이 유용하며, 각 기능들의 연관성에 대해서는 화살표를 이용하여 표현하는 것이 효과적이다. 부가적인 입·출력에 대해서는 선의 모양이나 굵기, 색깔 등을 달리하여 표현할 수 있다.

앞에서 제시한 예인 세탁기의 경우 '더러운 옷'을 '깨끗한 옷'과 '오물'로 구분하기 위하여 필수적으로 필요한 기능은 다음과 같다.

- 오물을 물에 불린다.
- 의류와 오물을 분리한다.
- 오물을 제거한다.
- 의류를 탈수시킨다.

필수적인 기능을 제시한 후, 각각의 기능을 수행하는데 필요한 수단을 [표 5-8]과 같이 제시한다.

표 5-8 필수적인 기능과 기능 달성을 위한 수단

필수적인 기능	기능 달성을 위한 수단
오물을 물에 불린다	물을 넣는다
오물을 분해한다	세제를 넣는다
의류와 오물을 분리한다	휘젓는다
오물을 제거한다	헹군다
의류를 탈수시킨다	회전시킨다

도출된 필수 기능과 수단을 [그림 5-7]과 같이 기능 분석도로 표현한다.

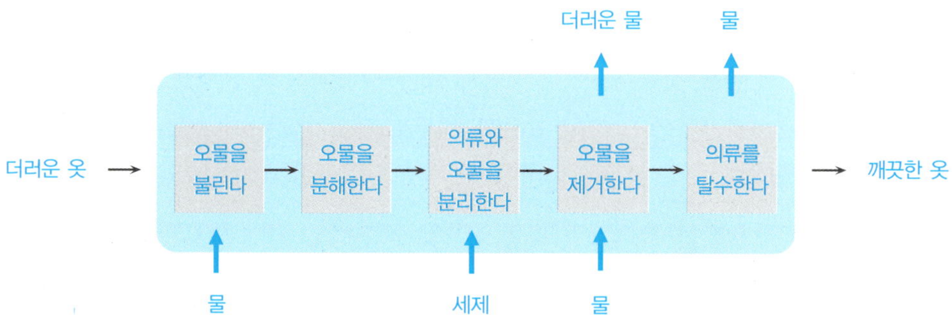

그림 5-7 세탁기의 기능 분석도

활동 8 기능분석도를 작성하기

– 장난감 모형 자동차를 구입하여 이를 분해한 후 기능분석도를 작성하라. 작성한 기능분석도에 새롭게 추가할 기능 또는 수정할 기능을 더하여보자.

5.2.4 설계 목표 구체화하기

설계 목표 구체화하기 단계는 고객의 요구사항을 충족시킬 수 있는 제품 설계를 위하여 공학적 특성을 명확하게 하고 설계 목표를 구체적으로 정립하는 단계이다.

엔지니어는 제품의 물리적 요소에 관하여 결정하며, 이에 따라 제품의 공학적 속성을 결정한다. 또한 제품의 공학적 속성은 제품의 특성을 결정하게 되며, 제품의 특성은 고객의 요구와 제품의 필수 조건을 충족시키게 된다. 즉, 고객의 요구를 만족시키기 위해서 제품의 특성을 규정하고 제품의 특성을 만족시킬 수 있는 공학적 속성을 규정한다. 고객의 요구를 적극적으로 반영하여야 상업적 성공 여부가 결정된다.

설계 제품의 특성에 관한 우수성은 고객의 요구사항과 공학적 속성 간의 관계를 면밀히 검토함으로써 보장할 수 있다. 고객은 상업적인 성공을 결정하는 가장 중요한 사람이다. 고객이 구매하지 않는다면 상업적으로 실패하게 된다. 따라서 고객의 목소리는 제품의 특성을 결정하는데 우선권을 갖는다고 볼 수 있다.

고객의 요구사항과 공학적 속성을 면밀히 검토하기 위하여 QFD(Quality Function Deployment : 품질기능전개법)을 활용한다. QFD는 고객의 요구사항과 공학적 속성의 관계를 따져봄으로써 제품의 특성을 결정하는데 도움을 주는 방법이다. 이 방법은 공학설계 과정에서 유용하게 활용할 수 있는 방법이다.

QFD는 1960년대 후반 일본에서 연구가 시작되었으며, 1972년 미쓰비시중공업의 고베조선소에서 원양어선 건조에 처음 사용되었다(김연성 외, 2003). 엄격한 정부의 규제사항과 고객의 요구사항을 동시에 고려하기 위한 수단으로 미쓰비시중공업에서 사용된 행렬도표가 QFD의 시초이다. 이 도표는 그 형태가 집과 비슷하다 하여 품질주택(HOQ : House of Quality)이라 부르기도 한다. 그 후 토요다는 QFD를 이용하여 1977년부터 1984년 사이에 생산 직전 단계까지의 비용을 60%가량 절감하였으며, 시장 출고까지의 기간도 3분의 1 가량 단축하였다. 또한 제품의 품질도 향상시킬 수 있었다. 미국에서도 많은 회사들이 1980년대 중반부터 QFD를 사용해오고 있으며, 현재는 모토롤라, DEC, HP, AT&T 등을 비롯한 많은 기업들이 적극적으로 활용하고 있다.

QFD는 신제품의 개념 정립, 설계, 부품계획, 공정계획 그리고 생산계획과 판매까지 모든 단계에 활용할 수 있다. 특히 앞서 말한 바와 같이 집과 모양이 비슷한 행렬도표, 즉 품질주택은 QFD 활용의 핵심적 수단이다.

[그림 5-8]과 같이 QFD를 작성하는 절차는 다음과 같다.

① 고객의 요구사항(CA : Customer Attributes) 파악하기
② 공학적 속성(EC : Engineering Characteristics) 도출하기
③ 고객의 요구사항과 공학적 속성 간의 관계 확인하기
④ 공학적 속성 간의 상호관계 확인하기
⑤ 고객의 인식 비교하기
⑥ 공학적 속성의 값 비교 및 목표치 설정하기

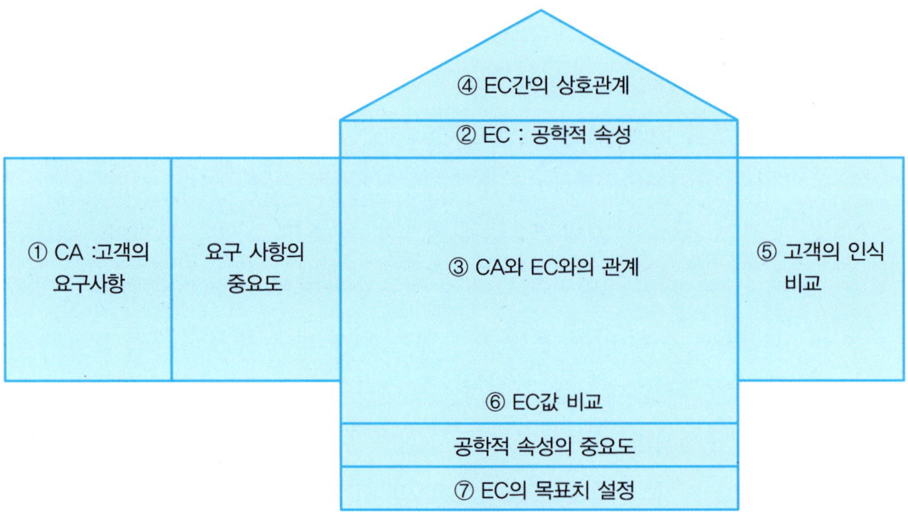

그림 5-8 품질주택

1) 고객의 요구사항 파악하기

QFD는 고객의 요구사항을 파악하고 고객이 요구하는 제품의 특성에 관한 다양한 견해를 파악하는 것으로부터 시작한다. 고객의 요구사항은 '사용하기 쉽다' 에

서부터 '나는 그 색이 싫다' 에 이르기까지 매우 다양하다. 또한 고객이 실제로 사용한 단어와 문구는 상당히 모호한 특성을 가지고 있다. 따라서 고객의 일반적인 진술에서부터 요구사항을 정확히 해석하기 위해 노력하는 것이 중요하다.

엔지니어는 다양한 요구사항들 중에서 설계할 제품의 특성에 가장 큰 영향을 미치는 내용이 무엇인지가 궁금할 것이다. 따라서 고객의 요구사항에 대해서 상대적인 중요도를 매길 필요성이 있다. 상대적인 중요도는 수렴적 사고기법 중에서 평가행렬법을 적용하여 정할 수 있다.

자전거 물받침에 관한 새로운 설계를 하고자 할 경우, 고객의 요구사항 몇 가지는 다음과 같을 것이다.

- 운전자에게 물이 튀지 않아야 한다.
- 자전거의 무게를 무겁게 하지 않아야 한다.
- 더러워졌을 때 깨끗하게 관리하기가 편리해야 한다.
- 자전거 타는데 방해가 되지 않아야 한다.

고객의 요구사항들 중에서 설계자가 좀더 집중해야 할 요구사항을 확인하기 위하여 각각의 요구사항에 대해서 가중치를 매겨 상대적 중요도를 파악한다. 상대적 중요도를 예시로 제시하면 [표 5-9]와 같다.

표 5-9 고객의 요구사항별 중요도

고객의 요구사항	중요도
운전자에게 물이 튀지 않아야 한다	5
무게를 무겁게 하지 않아야 한다	1
더러워졌을 때 깨끗하게 관리하기가 편리해야 한다	4
자전거 타는데 방해가 되지 않아야 한다	2

고객의 요구사항과 상대적 중요도는 QFD 도표에서 왼쪽에 나타낸다. 고객의 요구사항을 나열하고 각각의 상대적 중요도를 기입한다. 상대적인 중요도는 '1' 에서 '5' 까지 중요도에 따라 기입한다. 또한 3단계 '정보 수집하기' 에서 설명한 요구사항 명세서를 이용하는 것도 바람직하다.

2) 공학적 속성 도출하기

고객은 전문가가 아니기 때문에 자신의 요구사항에 영향을 주는 공학적 속성을 구체화하기는 어렵다. 예를 들면, 자동차 구매자는 자신이 자동차에서 '민감하다'고 느끼는 것이 무엇인지 알고 있겠지만, 엔진 출력과 관련해서 정확하게 무엇을 민감하게 느낀다고 말하기는 어렵다. 따라서 엔지니어는 고객의 요구사항을 충족시킬 수 있는 공학적 속성이 무엇인지 정확하게 파악할 필요가 있다. 예를 들면 '자동차의 엔진 출력'은 물론 '자동차의 전체 중량' 등이 고객이 민감하다고 느끼는데 영향을 미칠 수 있음을 파악해야 한다는 것이다.

앞에서 자전거 물받침에 대해서 설정된 고객의 요구사항을 검토하여 이와 관련된 공학적 속성을 도출하면 [표 5-10]과 같다. 공학적 속성은 QFD 도표의 윗부분에 나타낸다.

표 5-10 고객의 요구사항과 공학적 속성

고객의 요구사항	공학적 속성
• 운전자에게 물이 튀지 않아야 한다	• 물 차단 %
• 자전거의 무게를 무겁게 하지 않아야 한다	• 부품의 무게, 부품의 수
• 더러워졌을 때 깨끗하게 관리하기 편리해야 한다	• 세척 방법, 분리 방법, 분리 시간, 부착 방법, 부품의 수
• 자전거 타는데 방해가 되지 않아야 한다	• 부피, 무게

3) 고객의 요구사항과 공학적 속성 간의 관계 확인하기

모든 공학적 속성들이 모든 제품 특성에 영향을 주는 것은 아니며, 설계자가 제품 특성에 영향을 주는 공학적 속성들을 파악하는 것은 QFD 도표를 그려보는 것으로 가능하다. 고객의 요구사항은 QFD 도표의 왼쪽에 세로로 배열하고, 공학적 속성은 QFD 도표의 위쪽에 가로로 배열한다. 즉 고객의 요구사항들은 세로줄을 구성하고 공학적 속성들은 가로줄을 구성한다. 매트릭스의 각 칸들은 고객의 요구사항과 공학적 속성 간의 상호작용이나 관계를 나타낸다.

고객의 요구사항과 관계있는 공학적 속성이 무엇인지는 매트릭스를 이루는 칸들을 검토함으로써 파악할 수 있다. 각각의 요구사항들과 공학적 속성들과의 관계가 모두 똑같은 값을 갖는 것은 아니다. 어떤 공학적 속성은 어떤 요구사항에 큰 관계가 있을 수 있고, 어떤 요구사항과는 별로 관계가 없을 수도 있다.

따라서 매트릭스의 각 칸에 관계의 정도를 기록함으로써 상대적인 관계를 표현할 수 있다. 관계의 정도를 표현할 때는 숫자나 기호를 사용할 수 있다. 숫자로 표현할 때 강한 관계는 '5', 중간 정도의 관계는 '3', 약한 관계는 '1', 관계가 없는 경우는 빈칸으로 표현이 가능하다. 또는 '강(●)', '중(◎)', '약(○)'으로 표현하는 것도 가능하다.

이러한 값들 중 큰 값은 고객의 요구사항과 관련성이 높은 공학적 속성을 엔지니어가 손쉽게 파악하는 것을 도와준다. 그러나 이러한 값은 상대적인 값을 나타냄을 명심해야 한다.

- 강한 관계는 '5'
- 중간 정도의 관계는 '3'
- 약한 관계는 '1'
- 관계가 없는 경우는 빈칸으로 남겨둔다.

요구사항별 관계 정도의 합과 공학적 속성별 합을 구해보면 고객의 요구사항별 또는 공학적 속성별 관계도가 높은 항목들을 파악하는데 도움이 된다. 가장 높은 점수를 나타낸 공학적 속성이 고객의 요구사항을 반영한 제품의 특성을 결정하는 가장 중요한 속성이라 할 수 있다. 높은 점수를 나타낸 공학적 속성들이 설계 제품의 상업적 성공을 결정짓는 중요한 요소이다.

4) 공학적 속성 간의 상호관계 확인하기

고객의 요구사항을 만족시키기 위해 어떤 공학적 속성을 변경할 경우 이것이 다른 공학적 속성에 어떤 영향을 미칠 것인가를 고려해야 한다. 자전거의 물 튀김을 막기 위해 물받침의 면적을 크게 한다면 물 튀김의 차단율은 높아지겠지만 자전거의 전체적인 무게는 더욱 무거워져 자전거를 타는데 더 많은 힘이 들게 된다. 이와 같이 공학적 속성 간의 관계를 확인할 필요가 있을 때 QFD 도표의 지붕에 위치하는 부분을 활용하면 된다. 공학적 속성 간의 긍정적인 관계 또는 부정적인 관계를 기호로 표시하는 방법으로 활용한다.

5) 고객의 인식 비교하기

제품 경쟁에서 앞서기 위해서는 고객으로부터 제품에 관한 인식을 조사할 필요가 있다. 자사 제품과 타사 제품에 관해서 요구사항에 관한 고객의 인식을 조사함으로써 자사 제품의 강점과 약점 등을 확인할 수 있으며 제품의 품질 향상을 위한 정보를 얻을 수 있다.

고객의 인식에 관한 정보는 QFD 도표의 오른쪽에 표현한다. 고객 요구사항에 대한 각 항목을 자사 제품과 타사 제품으로 나누어 고객의 인식을 5점 척도를 이용하여 표현한다.

6) 공학적 속성의 값 비교 및 목표치 설정하기

각각의 공학적 속성에 관한 비교는 자사와 경쟁사의 제품에 관한 공학적 속성을 조사하여 얻어진다. 이는 QFD 도표의 아랫부분에 위치하게 되는데 각각의 공학적 속성에 관한 자사 제품과 경쟁사 제품에 관한 조사 결과를 표시한다.

가장 아랫부분에 공학적 속성의 목표치를 기록한다. 공학적 속성에 관한 목표치는 QFD 도표에 작성한 모든 정보를 이용하여 고객의 요구사항을 가장 잘 만족시킬 수 있는 값으로 정한다. 고객의 요구사항과 공학적 속성 간의 관계와 고객의 요구사항의 상대적인 중요도를 곱하여 공학적 속성별로 그 합을 계산하여 중요도를 구한다. 가장 높은 점수를 얻은 공학적 속성을 가장 중요한 공학적 속성으로 간주한다. 이를 바탕으로 공학적 속성의 목표치를 설정하여 설계 목표를 구체화한다.

활동 9 QFD 작성하기

– 미래에 요구하는 자동차에 관한 QFD를 작성해보자.

5.2.5 새로운 아이디어 찾기

1) 대안 도출의 중요성

공학설계의 주된 목적은 이전까지 존재하지 않던 것을 제안하는 것이다. 따라서 기존의 제품이나 기계를 바꾸거나 수정하는 작업도 설계이다. 기존의 제품을 변화시키는 방법은 창의적인 사고가 필요한 방법으로 기존의 요소들을 다양하게 재배열하거나 재조합하는 과정을 통해 창의성을 발휘할 수 있다. 이런 과정을 보다 잘 이용하면 다양하고 창의적인 대안을 마련할 수 있다. 기존의 문제점을 극복하며 대안을 찾아내는 과정은 공학설계 과정에서 필수적이며 핵심적인 부분이다. [그림 5-9]는 기존의 제품을 재배열하고 재조합하여 만든 예를 나타낸 것이다.

2) 대안 도출의 방법

기존에 없던 새로운 아이디어를 제안하는 것은 매우 어렵다. 따라서 우리는 기존에 존재하지만 사용하지 않았거나, 서로 조합되지 않았던 요소들을 찾아 결합해 봄

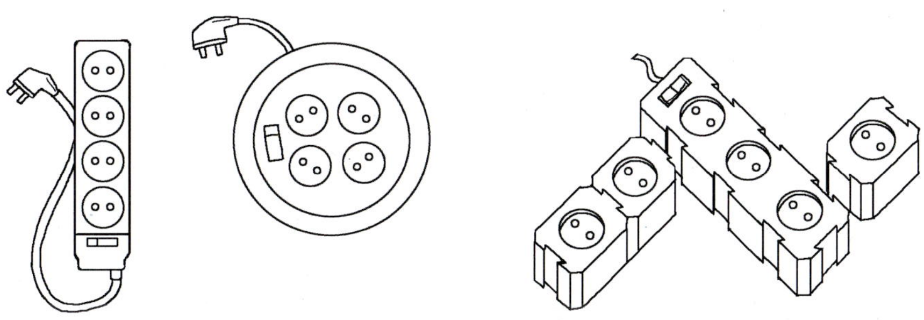

그림 5-9 기존에 존재하지만 재배열하고 재조합하여 새로운 제품을 만든 예

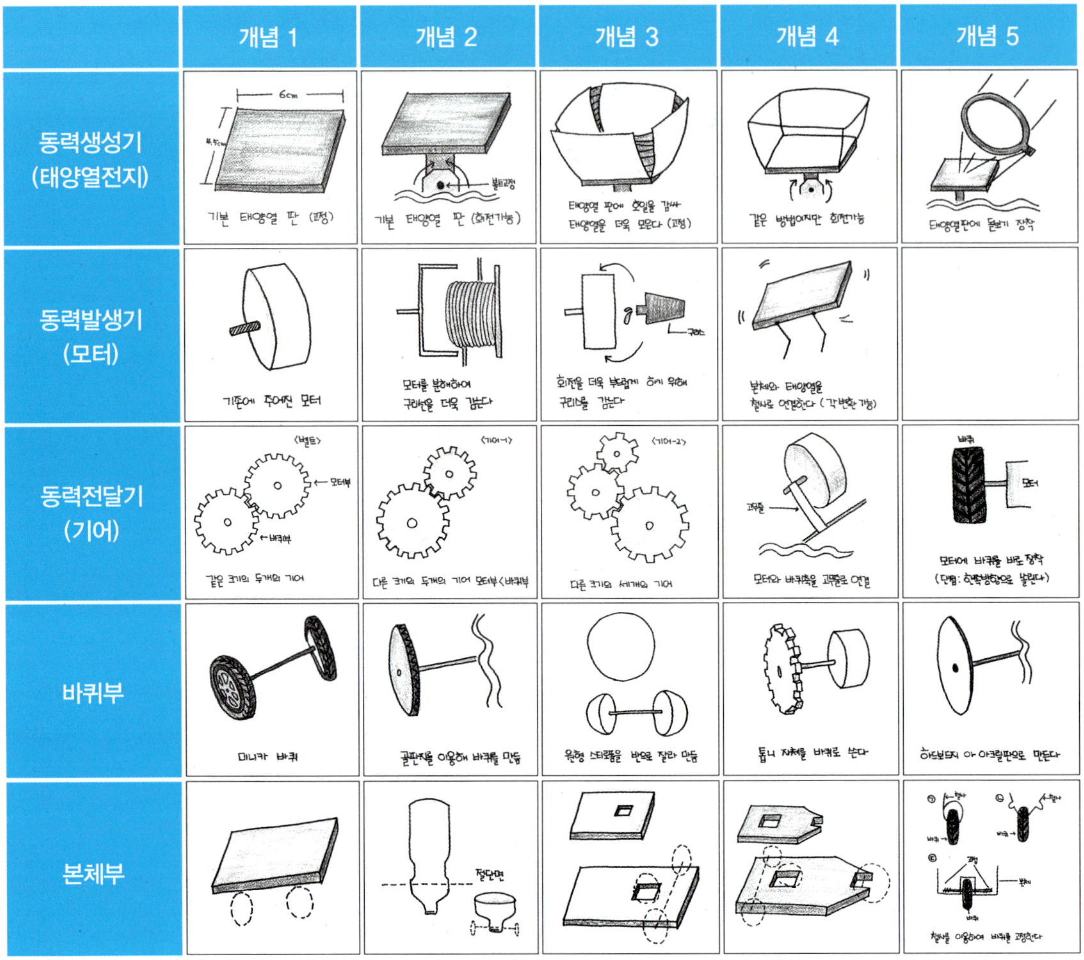

그림 5-10 태양전지 자동차의 형태학적 도표

으로써 새로운 대안을 마련할 수 있다. 이러한 방법을 형태학적 도표법(Morphological Chart Method)이라 한다. [그림 5-10]은 형태학적 도표의 예를 나타낸 것이다. 형태학적 도표는 해결안을 만들기 위해 조합될 수 있는 모든 요소, 부품, 부분적 해결안을 명확하게 표현할 수 있는 방법이다.

형태학적 도표를 그리는 과정은 다음과 같다.

① 제품에 필수적인 특징이나 기능을 목록으로 만들기
② 각 특징이나 기능을 달성할 수 있는 수단을 목록으로 만들기

③ 가능한 모든 부분 해결안들을 포함하는 도표를 그리기

④ 부분 해결안의 실행 가능한 조합을 파악하기

(1) 제품에 필수적인 특징이나 기능의 목록 만들기

형태학적 도표 그리기의 첫 번째 단계는 설계하고자 하는 제품의 필수적인 특징이나 기능을 나열하여 목록을 작성하는 것이다. 이 목록은 제품이 가지는 필수적인 기능을 구체화하고자 하는 것이다. 각각의 필수 기능의 수준은 동일해야 하며, 이들은 서로 독립적인 관계여야 한다. [표 5-11]은 선풍기의 예를 들어 필수 기능을 제시한 것이다.

표 5-11 선풍기의 필수 기능

제품명	필수 기능
선풍기	바람이 불 것
	전기를 사용할 것
	바람의 세기가 조절될 것
	안전할 것

(2) 각 특징이나 기능을 달성할 수 있는 수단을 목록으로 만들기

설계하고자 하는 제품의 필수 기능이 도출되면 각각의 필수 기능을 달성하기 위한 수단을 목록화하여야 한다. 각 필수 기능을 수행하게 되는 부품을 수단으로 제시한다. [표 5-12]는 선풍기의 필수 기능을 달성할 수 있는 수단을 예시로 제시한 것이다.

표 5-12 선풍기의 필수 기능

제품명	필수 기능	수단
선풍기	바람이 불 것	날개
	전기를 사용할 것	모터
	바람의 세기가 조절될 것	조절 스위치
	안전할 것	보호망

(3) 가능한 모든 부분 해결안들을 포함하는 도표 그리기

앞에서 제시한 필수 기능과 수단을 바탕으로 형태학적 도표를 작성한다. 각각의 기능을 충족시킬 수 있는 다양한 해결안들을 [표 5-13]과 같이 도표 안에 그려서 제시한다.

활동 10 부분 해결안 그리기

[표 5-13]의 빈칸을 다른 부분 해결안으로 채워라.

표 5-13 선풍기의 형태학적 도표

	1	2	3	4	5
바람이 불 것					
전기를 사용할 것		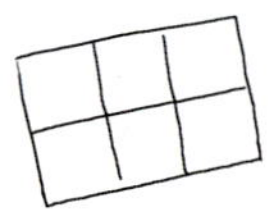			
바람의 세기를 조절 할 것	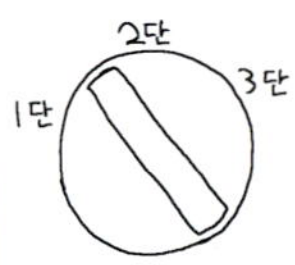				
안전할 것	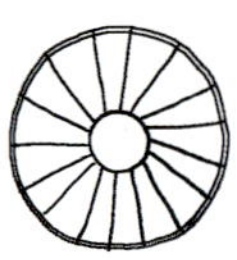	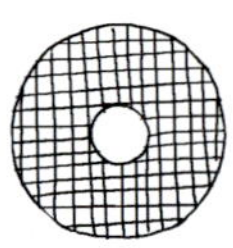			

(4) 부분 해결안의 실행 가능한 조합을 파악하기

각각의 필수 기능을 충족시키는 해결안의 가능한 조합을 파악한다. 각각 한 기능에서 한 개의 해결안을 선택한 후 이들을 결합해보는 방식으로 조합한다. 이러한 조합들은 이미 존재하는 해결안일 수도 있고, 새로운 해결안일 수도 있으며, 실현 불가능한 해결안일 수도 있다. 가능한 모든 조합을 검토함으로써 새로운 해결안을 찾아내는 것이 중요하다. [표 5-14]는 가능한 조합의 예를 제시한 것이다. 각각의 필수 기능별로 두 가지의 해결안을 제시하였을 때 총 16(=2^4)개의 조합이 가능하다.

표 5-14 선풍기의 해결 가능한 조합

	1	2	3	4
1안			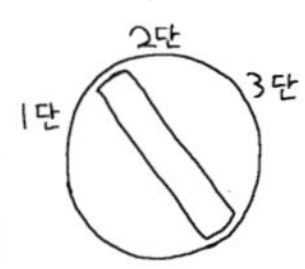	
2안			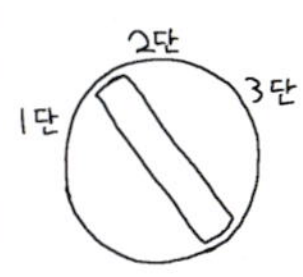	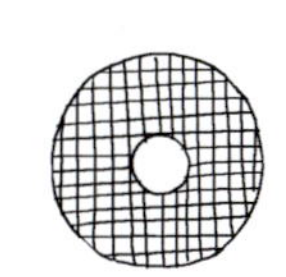
⋮ ⋮	⋮ ⋮	⋮ ⋮	⋮ ⋮	⋮ ⋮
16안		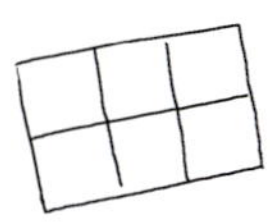		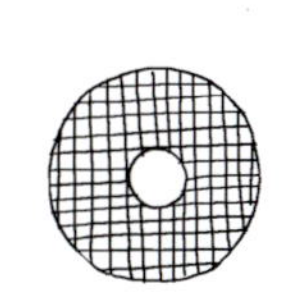

활동 11 형태학적 도표 그리기
– 미래세계에 적합한 자동차에 관한 아이디어를 형태학적 도표 기법을 이용하여 도출하라.

5.2.6 아이디어 평가하기

공학설계의 해결안을 도출하고나면 해결안에 관하여 평가를 해야 한다. 엔지니어는 평가를 통해 가장 우수한 것을 선택해야 하는 문제에 직면하게 되는데 이는 매우 어렵고 중요한 과정이다. 하지만 평가를 하는 기준이 명확하고 기준의 중요도가 결정되면 그다지 어렵거나 힘들지 않다.

공학설계의 목표는 분명하지만 각각의 목표에 관한 중요도는 다를 것이다. 따라서 각각의 목표의 중요도에 따른 가중치를 부여하고 이를 평가하게 되면 최적의 대안을 얻는데 큰 도움이 될 수 있다. 이렇게 각각의 목표의 중요도에 따라 서로 다른 가중치를 부여하여 각 대안에 관한 효용가치를 판단하는 방법을 가중치 목표법(Weighted Objects Method)이라 한다.

가중치 목표법은 다음과 같은 순서로 활용한다.

① 설계 목표의 목록 작성하기
② 목표의 등급 정하기
③ 목표별로 상대적인 가중치 부여하기
④ 대안별로 목표에 관한 점수 부여하기
⑤ 설계 대안의 상대적 효용가치를 계산하고 비교하기

1) 설계 목표의 목록 작성하기

가중치 목표법의 가장 첫 단계는 공학설계 목표의 목록을 작성하는 단계이다. 설계 목표의 목록은 설계 초기의 문제 확인하기 단계에서 제시한 목표계층도 작성하기 방법을 활용하면 된다. 목표계층도 작성하는 방법에서 제시한 설계 목표 목록 작성하기의 과정에 따라 작성하면 된다.

2) 목표의 등급 정하기

목표의 등급을 정할 때는 각각의 목표를 1 : 1로 비교하는 방법을 활용한다. 목표가 많을 때는 전체를 1 : 1로 비교하는 것은 무리가 있기 때문에 두 개의 목표를 짝을 지어 비교하는 것이 좀더 간편한 방법이다. 제일 먼저 상위 목표끼리 비교하여 등급을 정한다. 그 다음 각각의 상위 목표에 속하는 하위 목표끼리 1 : 1 비교하여 등급을 정한다. [표 5-15]는 목표의 등급을 정하는 예시를 나타낸 것이다. 표에서 가장 높은 등급을 받은 상위목표(안전) 중 높은 등급을 받은 하위 목표(오염물질 처리)가 1등급이 된다. 또한 가장 낮은 등급을 받은 상위 목표(효율) 중 낮은 등급을 받은 하위 목표(문제해결 시간 최소화)는 6등급이 된다. 전체 등급을 정리하면 [표 5-16]과 같다.

표 5-15 목록 등급 정하기 예

목표		목표		
상위	하위	상위목표	하위목표	등급
안전	화학적 이물질검출	1	1	1
	화학약품 미포함		2	2
경제	저렴한 재료	2	2	4
	제품의 저렴한 가격		1	3
효율	문제해결 시간 최소화	3	2	6
	효율적인 오염물질 처리		1	5

표 5-16 목표의 등급

목표 등급 정리	
1	화학적 이물질 검출
2	화학약품 미포함
3	제품의 저렴한 가격
4	저렴한 재료
5	효율적인 오염물질 처리
6	문제해결 시간 최소화

3) 목표별로 상대적인 가중치 부여하기

각각의 목표는 그 중요도가 서로 다르다. 따라서 모든 목표를 같은 비율로 점수를 매기는 것은 한 회사의 구성원 모두에게 업무의 중요도와 관계없이 똑같은 연봉으로 계약을 하는 것과 같이 매우 불합리한 방법이다. 따라서 업무의 중요도에 따라 연봉을 달리 계약하듯이 목표도 그 중요도에 따라 가중치를 달리 부여할 필요가 있다.

목표에 가중치를 부여할 때는 목표의 등급을 고려하여 목표별 가중치의 전체 합이 1 또는 100이 되게 부여하는 것이 보편적이다. [표 5-17]은 가중치의 합이 1이 되게 부여한 예시이다.

표 5-17 필수적인 기능과 기능 달성을 위한 수단

목표 등급 정리		가중치
1	오염물질 처리	0.30
2	화학약품 미포함	0.23
3	제품의 저렴한 가격	0.20
4	저렴한 재료	0.13
5	화학적 이물질 검출	0.09
6	문제해결 시간 최소화	0.05
합		1

4) 대안별로 목표에 관한 점수 부여하기

공학설계 과정에서 여러 가지 대안들이 제시되면 각각의 대안에 관해서 평가를 하는 것이 중요하다. 공학설계의 목표를 평가 기준으로 설정하는 것이 좋다. 대안별로 평가 기준에 따라 점수를 부여한다. 평가 점수는 5점 척도를 사용하는 것이 보편적이다. [표 5-18]은 대안별 평가 점수 부여의 예시를 나타낸 것이다.

표 5-18 대안별 평가 점수 부여하기

평가 기준	가중치 \ 대안	대안 1		대안 2		대안 3		대안 4	
		점수 (0-5)	가중치× 점수	점수 (0-5)	가중치× 점수	점수 (0-5)	가중치× 점수	점수 (0-5)	가중치× 점수
오염물질 처리	0.30	4		5		3		5	
화학약품 미포함	0.23	3		2		2		2	
저렴한 가격	0.20	2		3		3		3	
저렴한 재료	0.13	4		4		3		4	
이물질 검출	0.09	3		3		4		5	
문제해결 시간 최소화	0.05	2		2		5		5	

5) 설계 대안의 상대적 효용가치를 계산하고 비교하기

각 대안에 대해서 평가기준별로 점수를 부여한 후 이들 점수와 각 평가기준별 가중치를 곱하여 그 점수를 각 대안의 평가기준별 점수로 한다. 대안별로 평가기준별 점수를 모두 합산하여 대안별 총점을 부여한 후 순위를 매긴다. 가장 높은 점수를 얻은 대안이 최적의 대안이다.

[표 5-19]는 설계 대안의 상대적 효용가치를 계산하고 비교한 결과를 나타낸 것이다. 대안 4가 총점 3.78로 최적의 대안으로 결정되었다.

표 5-19 점수 합산 후 순위 결정하기

평가 기준 \ 가중치 \ 대안		대안 1		대안 2		대안 3		대안 4	
		점수 (0–5)	가중치× 점수	점수 (0–5)	가중치× 점수	점수 (0–5)	가중치× 점수	점수 (0–5)	가중치× 점수
오염물질 처리	0.30	4	1.2	5	1.50	3	0.9	5	1.5
화학약품 미포함	0.23	3	0.69	2	0.46	2	0.46	2	0.46
제품의 저렴한 가격	0.20	2	0.4	3	0.6	3	0.60	3	0.6
저렴한 재료	0.13	4	0.52	4	0.52	3	0.39	4	0.52
화학적 이물질 검출	0.09	3	0.27	3	0.27	4	0.36	5	0.45
문제해결 시간 최소화	0.05	2	0.1	2	0.1	5	0.25	5	0.25
합	1	18	3.18	19	3.45	20	2.96	24	3.78
순위			3		2		4		1

활동 12 가중치 목표법 이용하기

– 형태학적 도표 기법을 이용하여 도출된 아이디어들에 대해서 가중치 목표법을 이용하여 평가하라.

5.2.7 제품 제작 준비하기

1) 구상도 그리기

구상도는 설계한 제품에 대해서 입체적인 형태로 표현하여 전체적인 모양을 쉽게 확인할 수 있도록 표현한 도면을 말한다. 아이디어 개발 수준에서는 개략적인 형태를 표현하므로 프리핸드 스케치로 작성하는 것이 보편적이다. 그러나 개발하고자 하는 제품의 공학설계 과정이 마무리되었을 때는 정확하게 입체적인 형태로 표현하기 위하여 등각투상법이나 사투상법으로 표현하고 치수를 기입하여 작성한다. [그림 5-11]은 모형 자동차의 구상도를 나타낸 것이다.

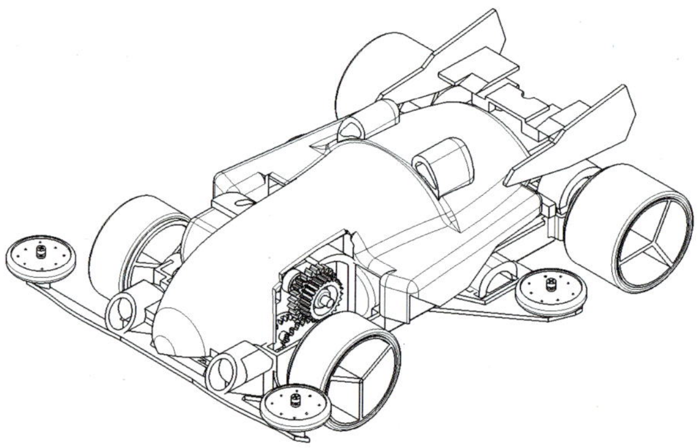

그림 5-11 모형 자동차의 구상도(충북과학대학 장동희 군의 작품)

2) 제작도 그리기

제작하고자 하는 제품에 관한 구상이 끝나면 구상도를 그리고 제품 제작에 필요한 구조, 크기, 재료, 가공 방법 등의 정보가 담긴 제작도를 그려야 한다.

제작도에는 조립도, 부품도, 표제란, 시방서 등이 포함된다.

조립도는 구상도에 나타나 있는 치수를 기초로 하여 제품이 완전히 조립된 상태의 모양을 등각투상법이나 사투상법으로 표현한다. [그림 5-12]는 모형 자동차의 조립도를 나타낸 것이다.

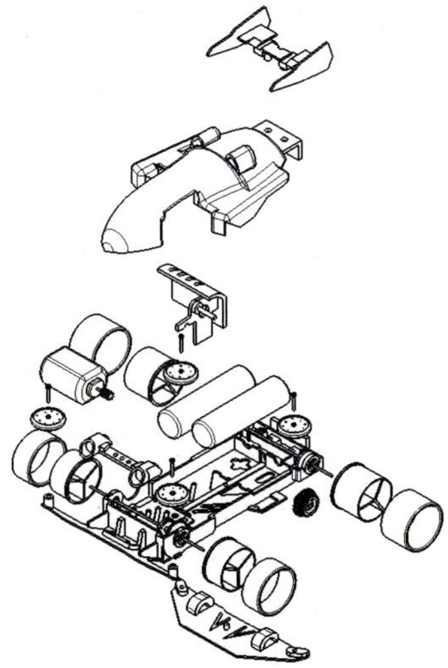

그림 5-12 모형 자동차의 조립도

부품도는 제품에 포함되는 각각의 부품을 제작하기 쉽도록 부품별로 나누어 나타낸 도면을 말한다. 정투상법을 이용하여 표현한다. [그림 5-13]은 모형 자동차의 부품도를 나타낸 것이다.

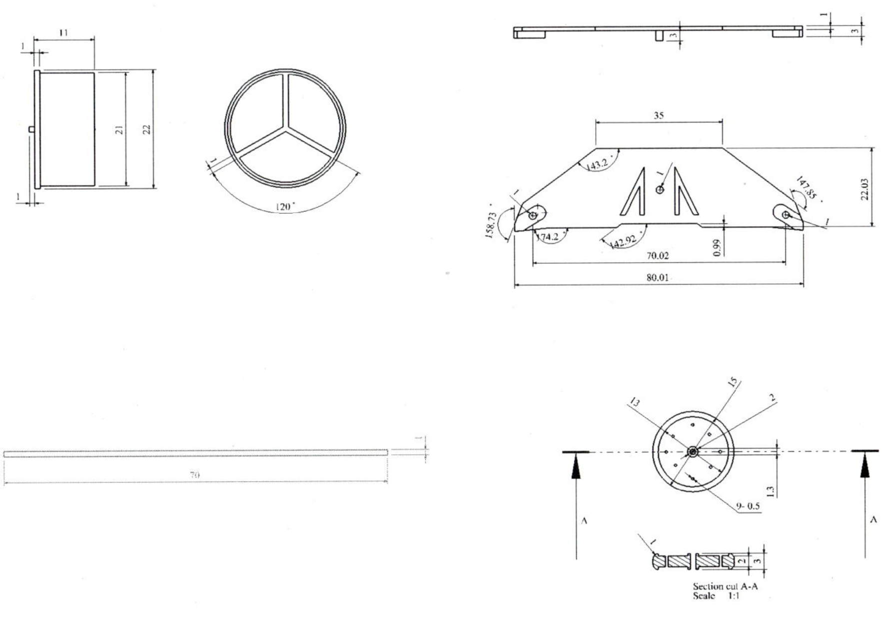

그림 5-13 모형 자동차의 부품도

표제란은 도면의 종류, 척도, 소속, 제도자, 날짜, 도면 번호 등을 기록한 것이다. 표제란은 도면의 오른쪽 아래에 윤곽선을 붙여서 나타낸다.

3) 재료표 작성하기

제작도가 완성되면 필요한 재료의 종류와 치수, 수량 등을 조사하여 재료표를 작성한다.

재료표를 작성하는 방법은 다음과 같다.

- 재료명, 규격, 수량 등을 조사하여 만든다.
- 재료의 규격은 너비, 길이 두께 순으로 나타낸다.
- 재료표에 사용하는 단위는 mm를 사용한다.
- 재료의 치수를 결정할 때는 부품도의 치수에 여유를 두어 정한다.

재료표 작성시 유의할 사항은 다음과 같다.

- 판매 중인 재료의 규격과 단위를 미리 알고 있어야 한다.
- 재료를 준비할 때는 전체 재료의 5~10% 정도의 여유를 두어 준비한다.
- 재료를 선택할 때는 경제적으로 적당한 가격대의 것을 선택한다.
- 재료의 일부는 재활용품을 이용하는 것도 바람직하다.

4) 공정도 작성하기

준비된 재료를 이용하여 제품을 완성시키기까지의 과정을 나타낸 표이다. 공정표를 작성하는 방법은 다음과 같다.

- 제작 순서를 분석하여 필요한 공정을 찾아낸다.
- 각 작업 공정 간의 상호관계를 밝혀 세부 공정을 한 단위의 주 작업명으로 묶는다.
- 작업 순서에 따라 작업명, 세부 공정, 사용 공구, 재료, 소요 시간을 제시한다.
- 작업의 세부 과정을 작업순서대로 작성하여 활용하기도 한다.

5) 마름질하기

부품도의 치수에 맞게 재료 표면에 자를 부분을 연필이나 먹으로 금을 그은 후 자른다.

6) 가공하기

제품을 만들기 위해 필요한 재료, 즉 목재, 아크릴판, 알루미늄판 등을 가공한다.

7) 조립하기

가공한 재료를 이용하여 완성품을 만들기 위해 접착제로 붙이거나 나사못으로 조립한다.

활동 13 제품 제작을 위한 준비하기

– 제작하고자 하는 미래형 자동차에 대해서 구상도와 부품도, 재료표, 공정표 등을 만들라.

5.3 공학설계 예제

부록 II에 A대학교 1학년 창의설계입문 교과목에서 제작한 제품에 관한 보고서를 수록하였다. 이 보고서는 이 장에서 제시한 공학설계 과정의 7단계(문제 확인하기, 계획 수립하기, 정보 수집하기, 설계 목표 구체화하기, 새로운 아이디어 찾기, 아이디어 평가하기, 제품 제작하기)를 참고하여 작성하였다.

부록 III에 공학설계 과제 예시를 제시하였으며 이에 관한 목록을 [표 5-20]에 정리했다.

표 5-20 공학설계 과제 목록

과제 번호	과제명
1	태양전지 자동차 설계하기
2	동전 분류장치 설계하기
3	공 선별기 설계하기
4	계란용 번지점프 장치 설계하기
5	지진계 설계하기
6	모형 위그선 설계하기
7	모형 비행기 설계하기
8	물 로켓 설계하기
9	아날로그 컴퓨터 설계하기
10	교통 신호 체계 설계하기

FRIEND

Freshman's Introductory Engineering Design

부록 1

공학설계 제품 사례

1 루브 골드버그 알람시계

설계목표	간단하고 단순한 일을 처리하기 위해 매우 복잡한 기기들을 사용하는 장치인 루브 골드버그 장치를 만들어 창의성을 발현한다.
제품설명	아침에 일어나기 싫어해서 1교시 지각하는 팀원 때문에 알람시계를 주제로 하여 가장 복잡하고 재미있는 장치를 고안하였다. 쇠구슬, 목청 높은 닭인형, 실로폰, 도미노, 종 등을 이용하였다.

2 공간 활용 전자동 선반

설계목표	좁은 공간 활용 제품을 설계한다.
제품설명	수납 제품을 바닥에서 쌓는 방식을 탈피하여 공중에서 매달려 있다가 블라인드같이 높은 곳에서 낮은 곳으로 내려오는 방식을 채택하여 제작하였다. 또한 편하게 이용하기 위해 모터를 달아 자동으로 접고 펼수 있게 설계하였다.

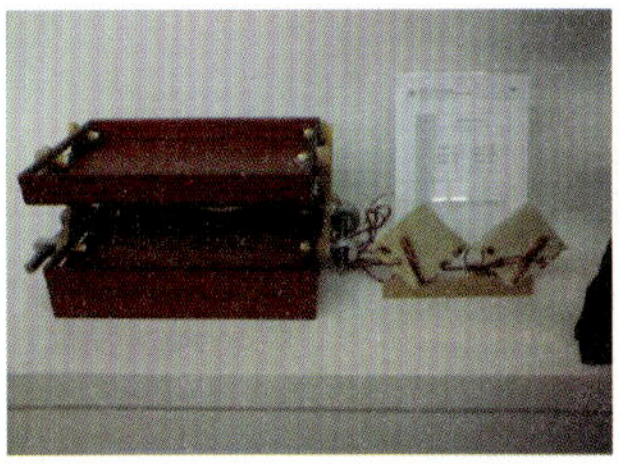
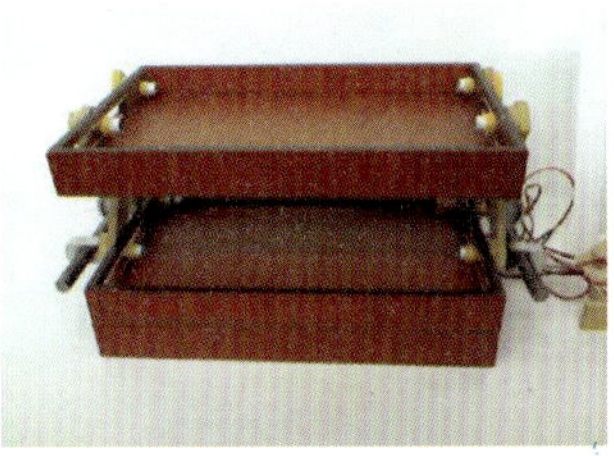
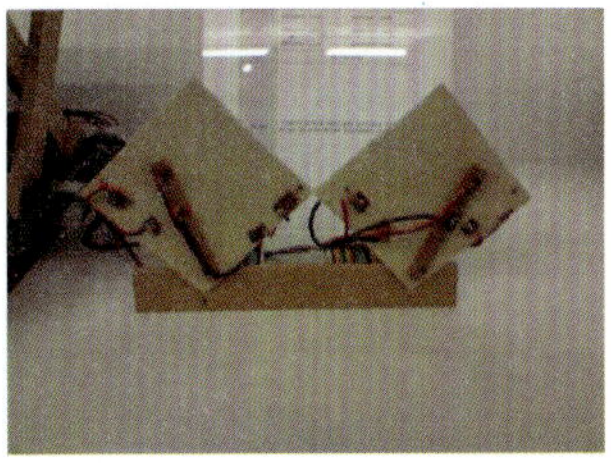

3 우산 탈수기

설계목표	비오는 날 우산에 의해 젖는 실내를 개선한다.
제품설명	비닐 봉지에 넣는 장치를 시판하고 있지만 환경오염의 문제를 해결하기 위해 야채탈수기와 걸레 탈수기를 역공학(reverse engineering)하여 아이디어를 얻어 제작하였다.

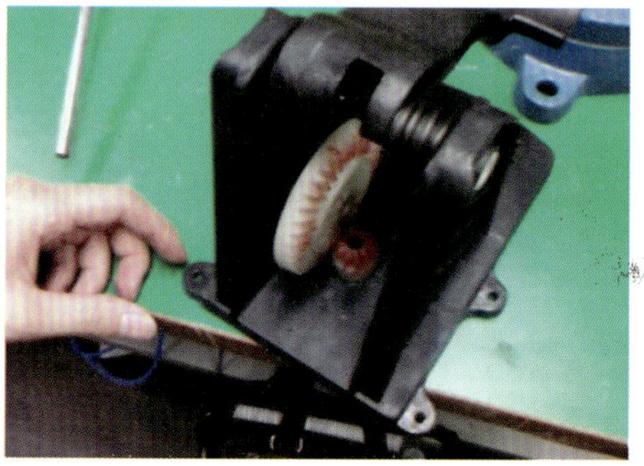

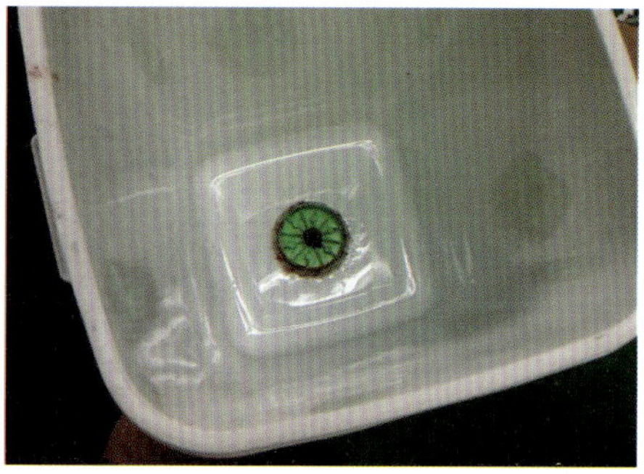

4 유모차 개선

설계목표	SCAMPER 기법을 적용하여 유모차를 개선한다.
제품설명	S(substitute): 일반시트를 발열용 시트로 대체, C(combine): 바퀴를 돌려 자가발전을 하여 시트와 결합, A(adapt): 자동차용 발열시트를 유모차에 적용, M(modify): 발열시트의 크기를 유모차에 맞게 축소, P(put to other uses): 자전거용 자가 발전기를 유모차에 적용, E(eliminate): 자가 발전기에서 필요 없는 부분 제거, R(rearrange): 밤에도 위험하지 않도록 LED를 장착함

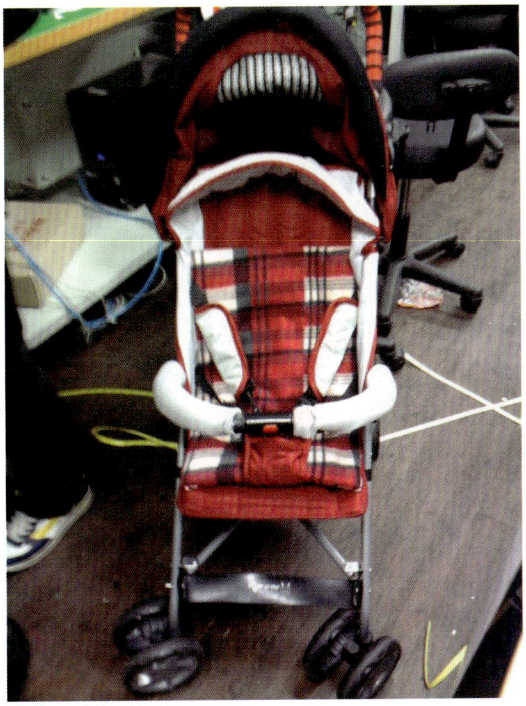

5 수륙 양용 공기부양선(Hovercraft)

설계목표	트리즈 발명원리 '29. 유체를 이용한다.'를 적용한 작품을 제작한다.
제품설명	팬과 RC 송수신기를 구입하여 팬의 힘을 1/3은 스커트로 2/3는 전진하기 위해 동체와 반대 방향으로 향하게 설계하고 발사목으로 러더를 제작하고 동체는 FRP로 제작하였으며 방수용 천으로 스커트를 제작하였다.

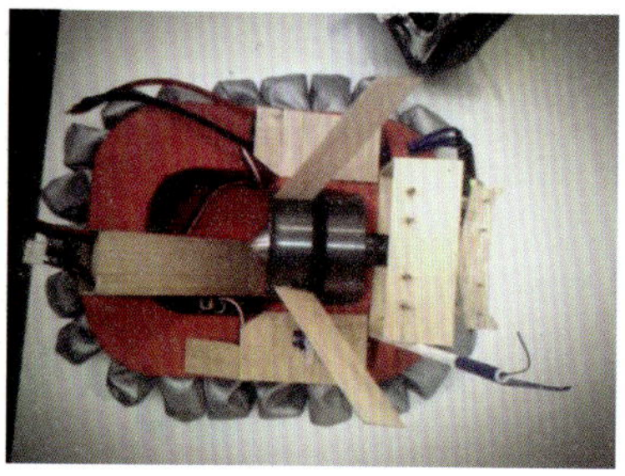

6 열전소자를 이용한 미니 냉장고 제작

설계목표	열전소자를 이용한 작품을 제작한다.
제품설명	열전소자 중 전류에 의해 열의 흡수 또는 발생하는 펠티에효과를 이용하기 위해 펠티에소자를 구매하여 아크릴로 용기를 만들고 발열 판 쪽을 냉각시키는 팬을 달았으며 냉장고 내부에는 단열을 하였다.

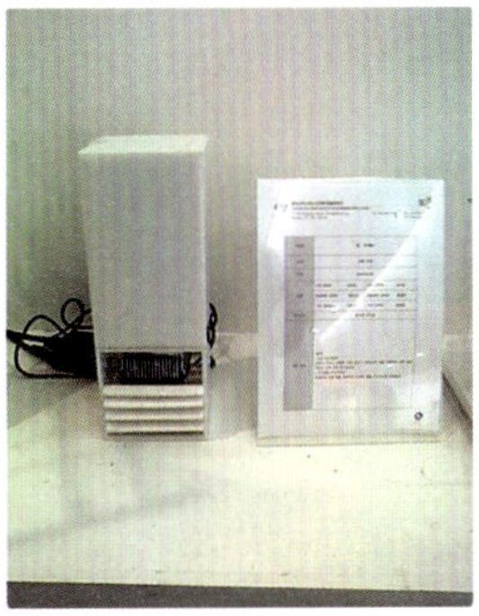

7 다용도 옷장

설계목표	SCAMPER기법을 적용한 설계 작품을 제작한다.
제품설명	다리미판과 옷장을 결합한 옷장으로 나무로 제작하였다.

다리미판을 접은 모습

다리미판을 편 모습

8 몸이 불편한 사람을 위한 bedmate와 휠체어

설계목표	'소외된 90%를 위한 설계'를 위하여 대학 1학년의 눈높이에 맞도록 설계한다.
제품설명	소외된 90%에 몸이 불편한 사람도 포함되리라 생각하고 영화관람이나 공부를 하기위해 독서대를 개조하여 노트북 홀더로 개선하고 약이나 음료 홀더를 부착하였다. 또한 뜨거운 햇빛아래와 우천 시에도 사용 가능하도록 휠체어를 개선하였다.

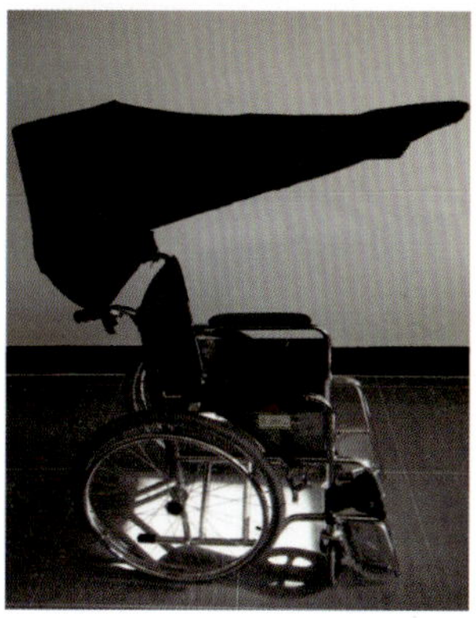

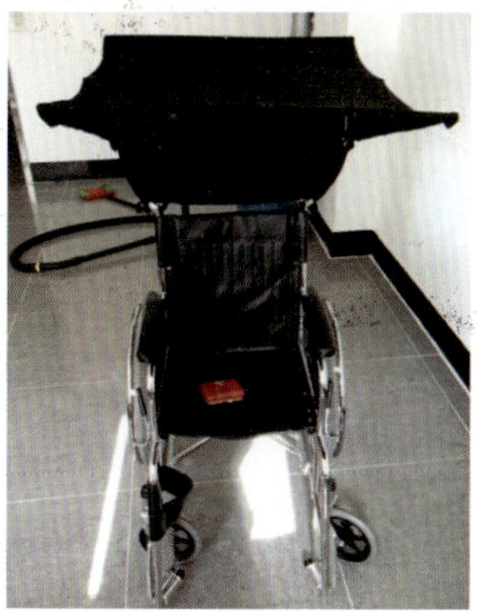

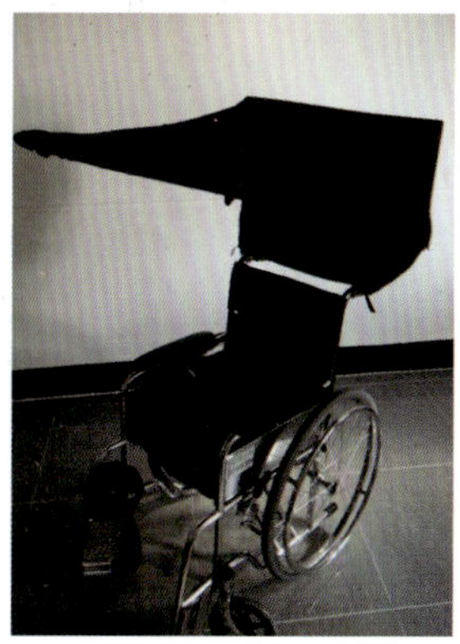

9 독서용 의자

설계목표	독서용 의자를 개선한다.
제품설명	책상에서 책을 읽어야 한다는 고정관념을 탈피하여 좀 더 편안한 자세로 독서할 수 있도록 나무로 구조를 만들고 포근한 천으로 덮었으며 책을 볼 수 있는 거리를 조절하기 위해 레일을 달았고 각도 조절과 조명도 가능하다.

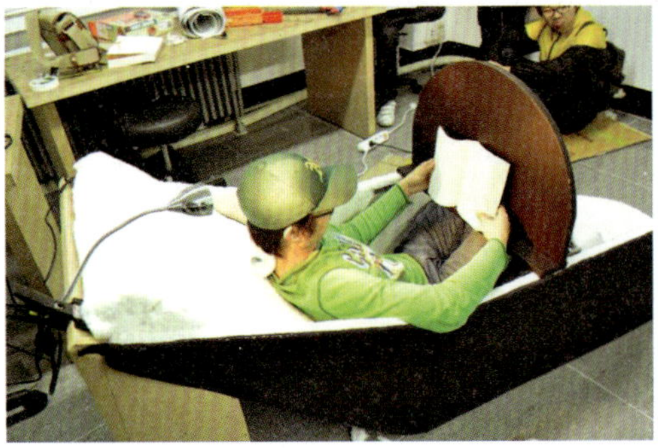

10 파티를 위한 버블 머신

설계목표	파티에서 분위기를 띄울 수 있는 제품을 설계한다.
제품설명	비누 풍선이 풍성하게 나오는 재료를 구하여 생성된 풍선이 프로펠러를 통해 방향을 가지고 나가도록 설계하였다.

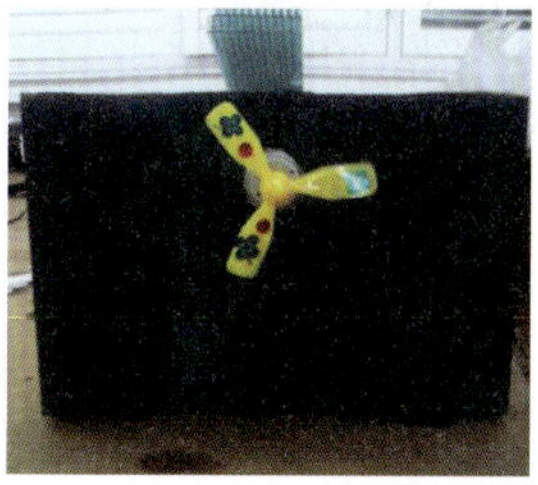

11 Fitting room 개선

설계목표	평소에 불편하게 느꼈던 제품을 개선한다.
제품설명	옷가게에서 디자인을 고르고 탈의실에 들어가서 옷을 입어봤을 때 크기가 맞지 않을 경우, 옷을 다시 갈아입고 나와서 다른 사이즈의 옷을 들고 가는 불편함을 개선하기 위해 탈의실 안에서 옷의 크기를 버튼으로 누르면 아래 작은 문으로 다른 사이즈를 넣어주는 시스템으로 제작하였다.

12 RC 이용 비행체 제작

설계목표	저속 비행능력, 소형, 고기동성 비행체를 제작한다.
제품설명	동체 파손을 최소화하기 위해 EPP로 동체를 제작하였고 러더는 발사목으로 만들어 서버 모터와 피아노강선으로 연결하였다.

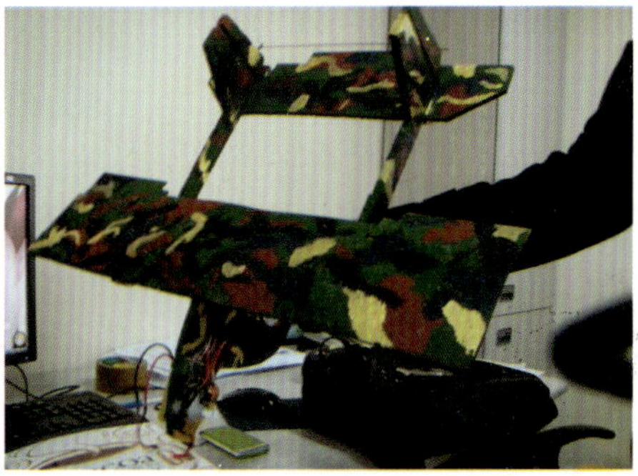

13 로보트 개선 설계

설계목표	키트를 이용한 기존의로보트를 개선하고, STEM(Science, Technology, Engineering and Mathematics) principle을 가장 많이 적용하여 성능을 향상시키는과정을통해반복적인공학설계과정을체험한다.
제품설명	Reuleaux 오각형 바퀴를 메인 바퀴로 채택함으로써 단순한 바퀴의 형태를 탈피, 과학적 기술을 접목시키고 미적 효과를 극대화하였다.

14 투석기 개선 설계

설계목표	탄성에너지와중력장내의운동에대한원리를적용한기존의투석기를 개선하고, STEM principle을 가장 많이 적용하여 성능을 향상시키는과정을통해반복적인공학설계과정을체험한다.
제품설명	나무, PVC관, 용수철 등으로 상하좌우를 조절할 수 있고 고무공을 발사 할 수 있도록 제작하였다. 다음 사진은 포신에 알코올을 도포하고 스파크에 의해 고무공이 발사되도록 설계하였다.

FRIEND

Freshman's Introductory Engineering Design

부록 2

공학설계 제품 제작 보고서

1 제품 제작

1.1 설계의 구성요소

1) **제품명** : 태양전지 자동차(GATE)

2) **설계 목표 설정** : 브레인스토밍을 통하여 목표 설정

- 차체의 소형화
- 태양전지로 뒷날개 효과를 낼 수 있도록 하자
- 기어의 최소화
- 차체는 단단한 제품을 이용하자
- 태양전지 주위에 은박지를 설치해 빛을 최대한 모으자
- 공지저항을 줄이자
- 차의 방향성을 위해 후륜으로 하자
- 태양전지의 위치를 태양의 위치에 맞게 교정할 수 있도록 벨크로를 이용하자
- 차체의 바디는 무게를 최소화하는 제품을 이용하자
- 바퀴는 마찰을 낼 수 있는 제품을 사용하자
- 동력을 바로 전달할 수 있는 기어를 이용하자
- 스피드를 더하기 위해 모터를 더 달자

3) **합성 및 분석** : 1차 설계도 및 분석

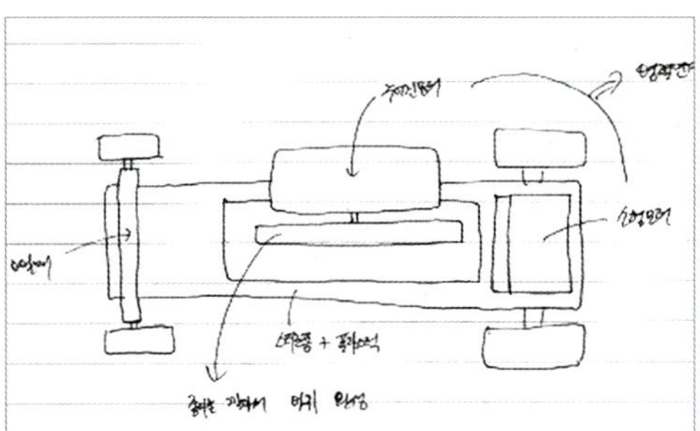

무게의 최소화를 위한 스티로폼 바디 선택

마찰의 최대화를 위해 고무바퀴 선택

마찰을 줄이기 위해 베어링을 빨대로 사용

동력 상승을 위해 모터를 추가 사용

중앙 부분에 모터를 추가해 5륜으로 설계

무게를 줄이기 위해 사이즈의 최소화

4) 제작 : 경제성을 최대한 살리기 위해 팀원들이 가지고 있는 부품을 최대한으로 이용

5) 시험 : 태양 빛이 좋은 날 직접 시험

6) 평가 : 가장 중요한 것이 스피드이므로 스피드에 중점을 두고 그 다음으로 심미성 위주로 심사 평가

1.2 현실적 제한요소

1) 현실적 제한 조건 : 태양전지와 모터는 주어진 것을 사용하고 추가적으로 사용하여도 됨

2) 경제 : 주어진 2만원 중 최소한의 비용을 위해 대부분의 재료는 재활용함

3) 환경 : 동력원으로 태양광을 사용하기에 환경 부분에 최적임

4) 사회 : 배기가스의 문제를 해결할 수 있는 방안을 제시함

5) 윤리 : 대부분의 팀이 후륜과 스티로폼을 재료로 하였기에 기본적인 방향을 이와 비슷하게 나감

6) 미학 : 빛이 없을 때에도 자동차의 기능을 발휘하기 위해 충전기를 달고 미적 부분을 위해 LED를 장착

7) 생산성과 내구성 : 스티로폼보다 내구성이 강한 철이나 플라스틱을 이용

2 체계적인 설계 과정

2.1 문제 정의

2.1.1 문제 확인 리스트

1) 제작비가 적게 들 것
2) 가벼울 것
3) 불필요한 에너지 소비를 줄일 것
4) 고장이 적을 것
5) 일정한 방향성을 유지할 것
6) 태양의 각도에 따라 태양열 판의 방향을 바꿀 수 있을 것
7) 외관이 깔끔할 것
8) 수리가 용이할 것
9) 주행에 안전성을 확보할 것
10) 자동차가 예쁠 것

2.1.2 목표 목록 재배열

효율성	심미성	경제성
• 불필요한 에너지 소비를 줄일 것 • 일정한 방향성을 유지할 것 • 태양의 각도에 따라 태양열 판의 방향을 바꿀 수 있을 것 • 주행의 안정성을 확보할 것	• 외관이 깔끔하고 예쁠 것 • 태양의 각도에 따라 태양열판의 방향을 바꿀 수 있을 것	• 제작비가 적게 들 것 • 수리가 용이할 것 • 가벼울 것

2.1.3 목표계층도

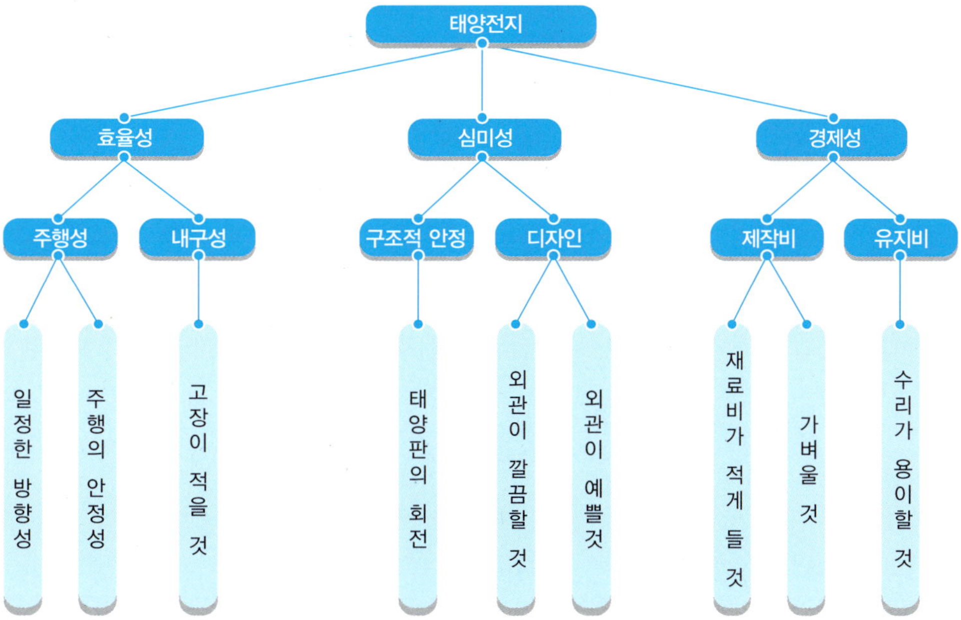

2.2 정보 수집

2.2.1 시장분석 방법

1) **직접 탐색** : 정보를 소비자, 제작자, 판매자 등으로부터 얻으며 인터뷰와 설문 등을 통해 이루어짐 (우리 팀은 설문조사를 통하여 정보를 얻음)

설 문 지

창의설계입문 G.A.T.E팀
태양전지자동차 설계

안녕하십니까? A대학교 창의설계입문 G.A.T.E팀에서 태양전지자동차의 설계를 위한 여러분들의 의견을 듣고 있습니다. 바쁘시더라도 잠시만 시간을 내주시면 고맙겠습니다. 응답해주신 내용은 정답은 없으며, 솔직하게 응답해주시면 감사하겠습니다.

나이 (   )   성별 (   )

1. 태양전지 자동차에 대해 알고 계십니까?

① 예   ② 아니오

2. 태양전지 자동차 제작시 가장 중요한 점이 무엇이라고 생각하십니까?

① 경제성   ② 심미성   ③ 내구성   ④ 스피드   ⑤ 기타(   )

3. 심미성 고려시 어느 디자인을 고려하는 것이 가장 좋다고 생각하십니까?

① 동물(하마, 상어 코뿔소 등...)   ② 스포츠카

③ 비행기   ④ 배   ⑤ 기타(   )

4. 내구성 고려시 어느 재료를 사용하는 것이 가장 좋다고 생각하십니까?

① 철   ② 스티로폼   ③ 나무   ④ 플라스틱   ⑤ 기타(   )

5. 스피드 고려시 어떤 방식의 구동 방법이 가장 효율적이라고 생각하십니까?

① 전륜   ② 후륜   ③ 사륜   ④ 기타(   )

6. 태양전지자동차를 구매하실 의향이 있으십니까?

① 예   ② 아니오

6-1. 구입을 희망하신다면 어느 가격대가 가장 합당하다고 생각하십니까?

① 1000~3000원   ② 3000~5000원   ③ 5000~10000원

④ 10000~20000원   ⑤ 20000원 이상

결 과

2. 태양전지 자동차 제작시 가장 중요한 점이 무엇이라고 생각하십니까?

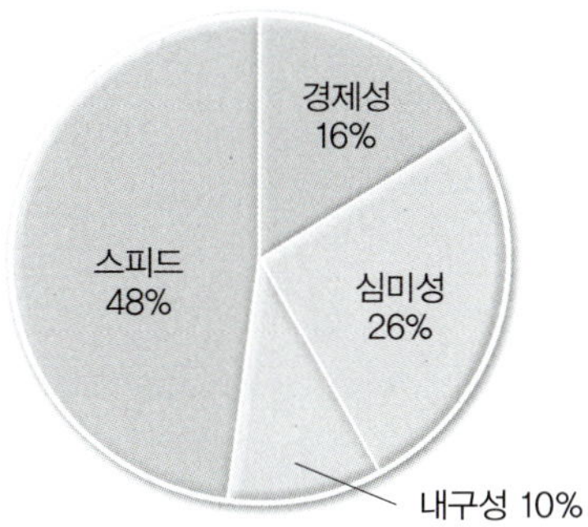

3. 심미성 고려시 어느 디자인을 고려하는 것이 가장 좋다고 생각하십니까?

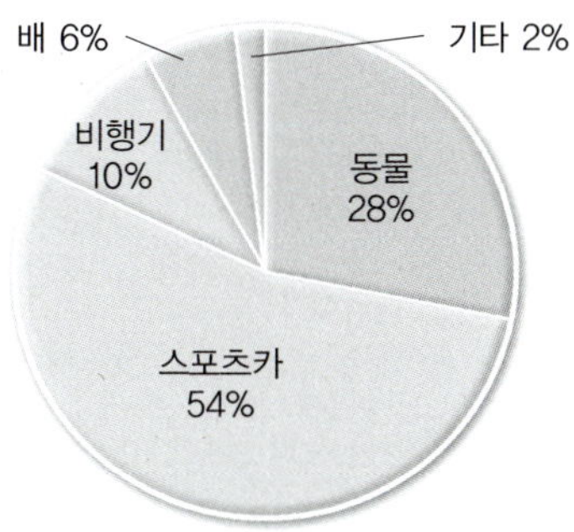

4. 내구성 고려시 어느 재료를 사용하는 것이 가장 좋다고 생각하십니까?

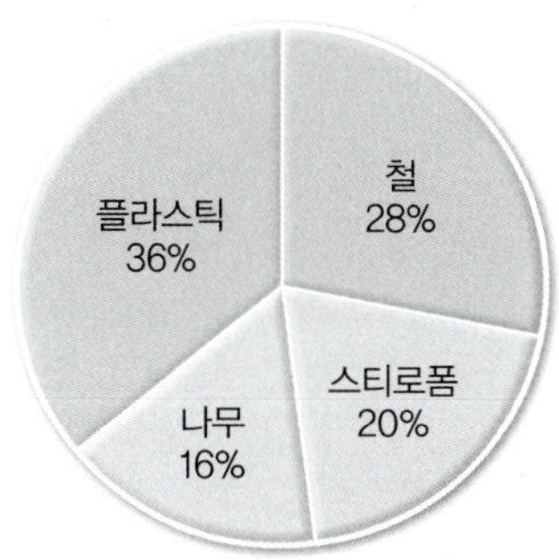

5. 스피드 고려시 어떤 방식의 구동 방법이 가장 효율적이라고 생각하십니까?

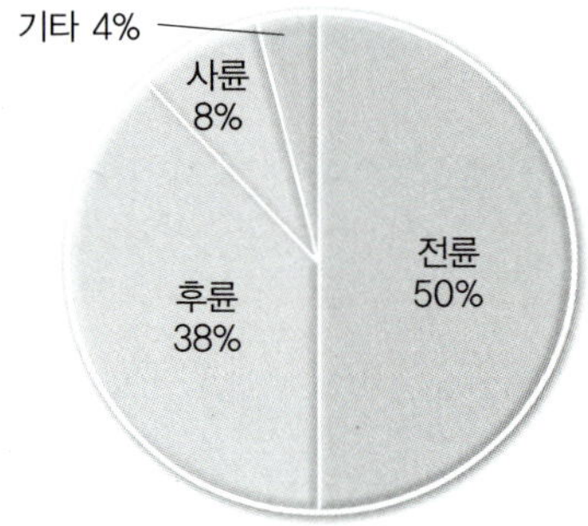

6. 태양전지 자동차를 구매하실 의향이 있으십니까?

6-1. 구입을 희망하신다면 어느 가격대가 가장 합당하다고 생각하십니까?

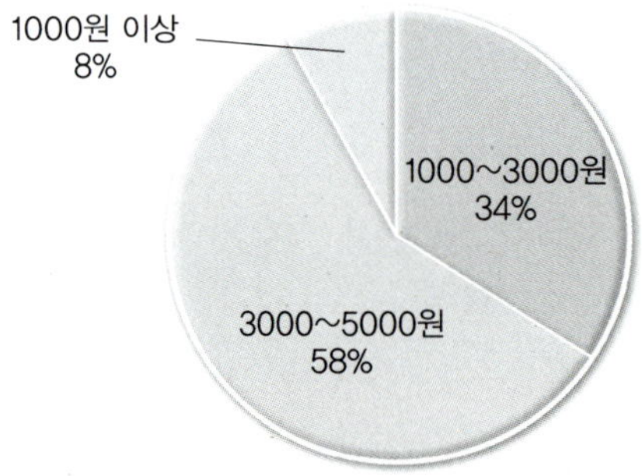

2) **간접 탐색** : 특허, 잡지, 보고서, 정부기관의 분석자료 및 신문 등과 같은 공공 자료를 통해 이루어짐 (우리 팀은 인터넷을 통하여 정보를 얻음)

– 디자인

– 스피드

(1) 기어비

크랭크축에서 발생한 엔진의 출력이 변속기 안에서 구동력으로 변환될 때 각 기어의 비율, 변속비라고도 한다. 3.214 : 1 또는 간략하게 3.214와 같이 수치로 나타내며, 기어비 수치 차이가 적은 것을 클로즈 레이시오(close ratio), 수치 차이가 큰 것을 와이드 레이시오(wide ratio)라 한다.

(2) 무게

플라스틱 (폴리스틸렌)

① 비중

보통 폴리스틸렌의 비중은 1.04~1.05로서 경질염화 비닐 1.35~1.45, 초산섬유 1.28~1.38에 비하여 가볍다. PSP는 보통 0.08~0.16이다.

② 가공성

인쇄성이 좋기 때문에 폴리에틸렌 필름처럼 방전가공 처리하여 인쇄성을 좋게 하는 과정이 필요 없다. 또한 소재의 순도가 높기 때문에 증착용으로도 적당하여 거의 예비건조가 필요 없이 필름 · 시트의 증착이 가능하다. 접착, 열융착 등의 2차 가공성도 우수하다.

필름과 시트는 대부분 진공성형 또는 압축성형에 의해 성형 가공되어 사용된다. 물론 필름 그 자체에 인쇄 또는 엠보싱(Embossing) 등을 하여 포장재로 사용되기도 하지만 성형 가공되어 쓰여지는 예가 많다.

(3) 구동 방식

① 전륜구동 방식

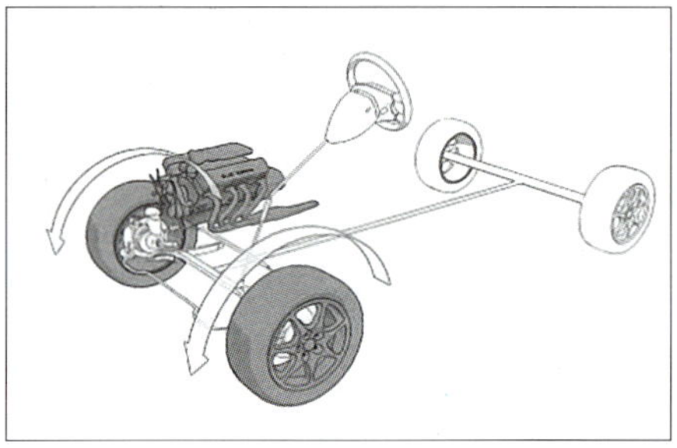

앞바퀴 굴림이라고도 한다. 일반적으로 자동차는 앞에 기관이 있어도 뒷바퀴를 구동하여 주행한다. 앞바퀴로 조향하고 뒷바퀴로 미는 이 방식은 그 자체가 모순이므로, 전륜구동은 초창기부터 자동차의 이상이었다. 그러나 조향을 위해 움직이는 앞바퀴에 회전을 전달하는 것이 기술적으로 어렵기 때문에 실현된 것은 1920년대 후반부터이다.

전륜구동의 특징은, 조향바퀴가 구동바퀴이기 때문에 잘 미끄러지지 않으며, 젖거나 얼어붙은 노면과 눈 위에서도 안전하다. 또한 옆바람의 영향을 받지 않을 뿐 아니라 기관 · 구동 계통이 앞쪽에 집중되어 있고, 추진축이 없으므로 바닥은 낮게 실내는 넓게 할 수 있는 점 등이다.

결점은 조향바퀴에 회전을 전해야 하기 때문에 성능이 우수한 항속 조인트가 필요하며, 구조가 복잡하고 제조원가가 높아진다는 점, 액셀러레이터를 밟고 있을 때와 떼었을 때는 운전 감각에 차이가 있다는 점 등이다.

② 후륜구동 방식

뒷바퀴 굴림이라고도 한다. 자동차의 추진 방식에는 이륜구동(2WD)과 사륜구동(4WD)이 있는데, 이륜구동은 다시 전륜구동과 후륜구동으로 나눈다.

이륜구동은 동력을 전달받는 바퀴가 2개인 경우로, 전륜구동은 앞바퀴가, 후륜구동은 뒷바퀴가 동력을 전달받아 차량을 앞으로 나아가게 한다. 전륜이나 후륜 모두 동력전달 구조가 비교적 간단하기 때문에 차량을 가볍게 할 수 있다는 특징이 있다.

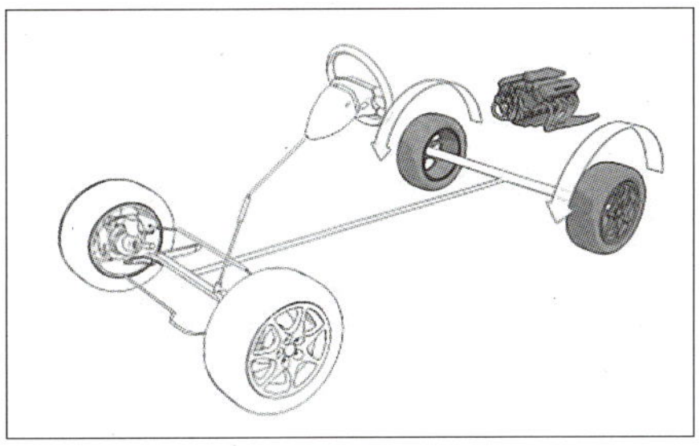

③ 사륜구동

네 바퀴 모두에 동력이 전달된다고 하여 전륜구동으로 부르기도 하고, 줄여서 4WD 라고도 부른다. 일반적인 자동차 추진 방식인 이륜구동에 견주어 추진력이 월등하므로 비포장도로와 같은 험로, 경사가 아주 급한 도로 및 노면이 미끄러운 도로를 주행할 때 성능이 뛰어나다.

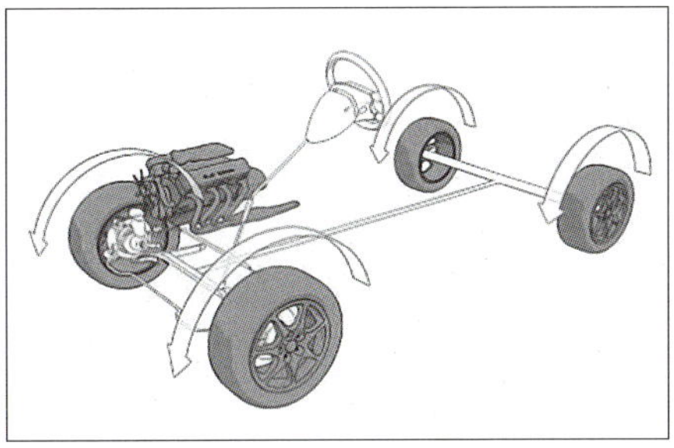

주로 군용이나 험로 주행용 차량에 장착되었으나 최근에는 주행성 향상을 위하여 고급 승용차에도 채택되고 있다. 엔진에서 나오는 동력은 트랜스퍼 케이스(transfer case)를 거쳐 앞뒤 바퀴에 배분 전달되며, 그 종류에 따라 일시 사륜구동과 상시 사륜구동(풀타임4WD)으로 나눈다.

상시 사륜구동 방식은 언제나 사륜구동으로 달리는 방식으로, 에너지 소비 및 소음 등의 문제가 있으나 구동력이 뛰어나 미끄러짐이 줄어들어 특히 굽은 길 등에서 차의 주행성이 향상된다.

2.2.2 프리핸드 스케치

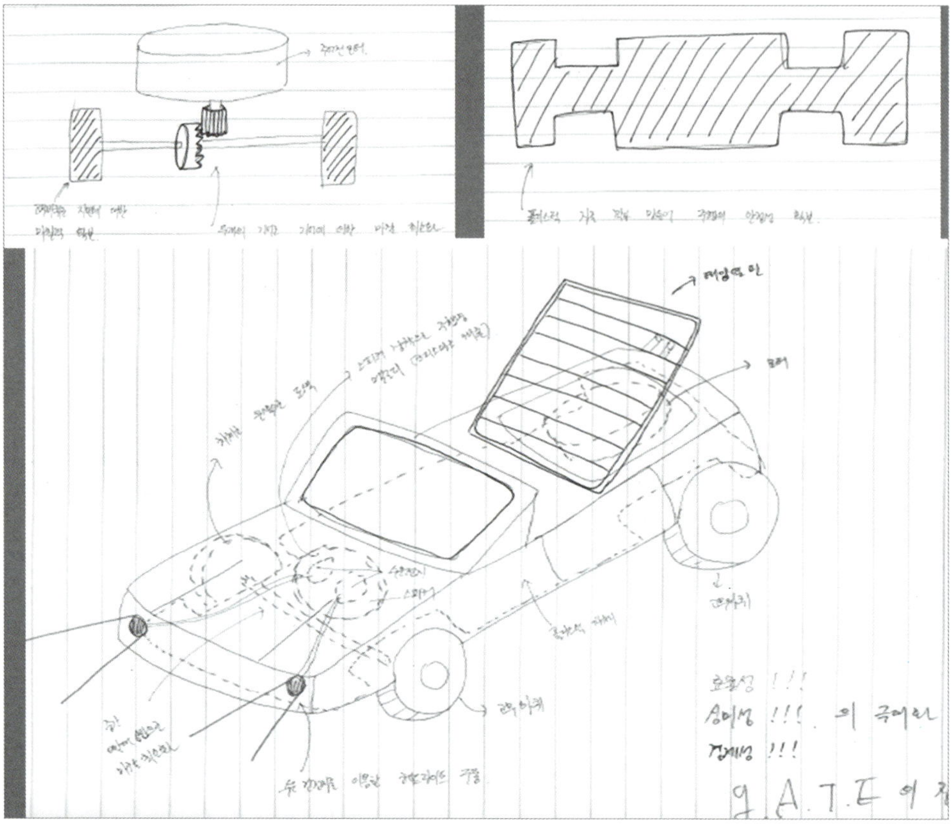

3 공정관리

3.1 Gantt Chart

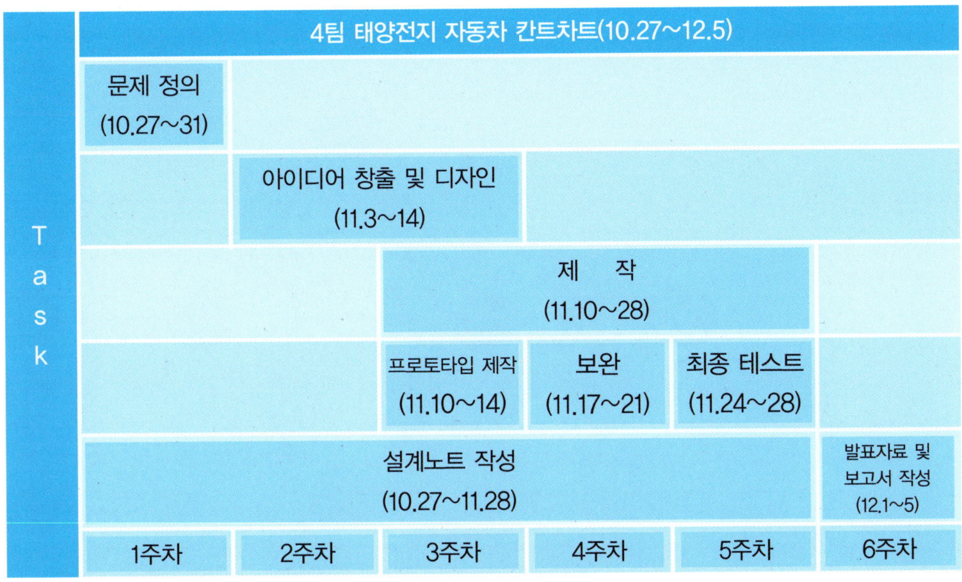

* 위의 간트차트는 사정에 따라 변경될 수 있다.

3.2 PERT

PERT(Program Evaluation and Review Technique)기법은 1956년 미국 Polaris 잠수함 건조계획을 계기로 대규모적인 신규 군사발전계획을 담당할 특별 사업국에서 대륙간 탄도탄 및 기타 연구 개발 사업을 수행 중 새로운 관리기법이 요구되어 개발됨.

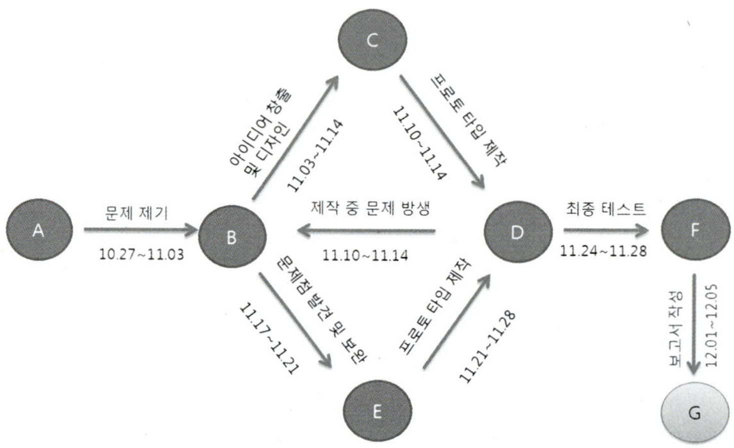

4 기능 계통도

자동차의 작동 원리를 이해하기 위해 기능 계통도 작성

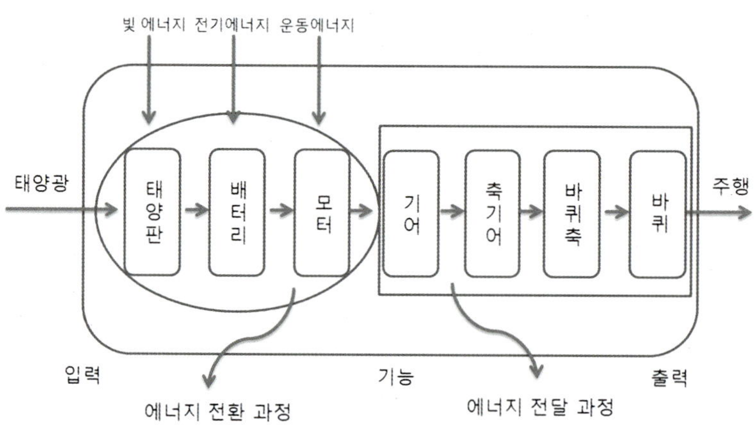

5 설계 설명서의 구체화

5.1 요구사항

태양광 자동차의 요구사항		
D/W	내 용	W의 중요도(1~10)
D	자동차의 크기는 30㎝×20㎝×20㎝	
D	외부디자인에 심미성을 부여할 것	
D	최대한 빠르게 제작	
D	제작비용의 최소화(20,000원 이하)	
D	기어의 최소화로 마찰손실을 줄일 것	
W	헤드라이트로 심미성 강화	8
W	주행 중 멜로디가 나오는 독창성	6
W	주행의 안정성(일정한 방향)	9
W	고장이 적을 것	9
W	가능한 한 작게 제작	9

5.2 품질주택 작성

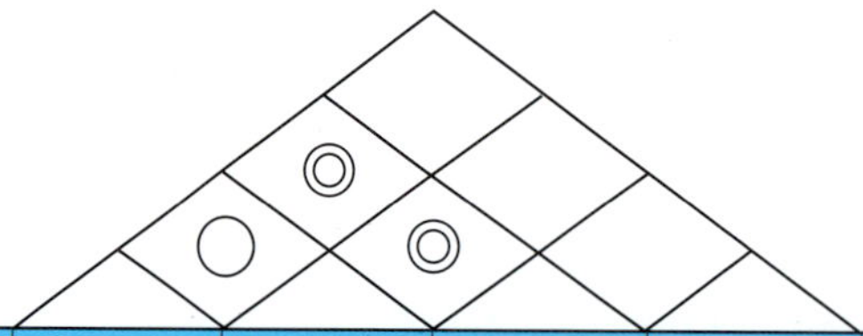

고객요구 \ 기술적 변수	중요도	— 제작기간	↑ 재료	↑ 모터효율	↑ 에너지판	고객의 평가 (우리 / 경쟁자) 1	2	3	4	5
속도	5		○	◎						
디자인	4	○	◎		△					
색상	3	○								
내구성	2		○	○						
가격	1	△	◎							
target value										
기술평가 (우리 / 경쟁자)	1									
	2									
	3									
	4									
	5									
weights 절대값		22	66	51	4					
weights 상대값										

관계		가중치
강함	◎	9
보통	○	3
약함	△	1

5.3 개념 평가

개념 평가를 도출한 아이디어를 평가행렬법(Evaluation Matrix)을 사용하여 평가

구 분	아이디어	비용	시간	가능성	합계
효율성	가벼운 소재를 사용하여 중량을 최소한 가볍게 하기	8	8	8	24
	태양광판 주위에 은박지를 붙여 태양 위치에 구애받지 않고 태양광을 받게 제작	6	4	4	14
	차체를 최대한 낮게 제작	10	9	9	28
	기어를 최소화하여 마찰을 줄인다	10	10	8	28
	바퀴를 작게 만들어 경량화	10	10	8	28
	미니모터를 병렬연결로 2개의 모터로 구동	7	7	7	21
	차에 돛을, 모터에 스크류를 달아 풍력으로 작동	6	7	5	18

구 분	아이디어	비용	시간	가능성	합계
심미성	인터넷에 있는 종이 설계도면을 접어서 제작한다	9	9	9	27
	스티로폼을 깎아서 제작한다	9	8	9	26
	차의 색을 개성있게 입힌다	8	7	10	25
	실제 자동차와 흡사한 모양으로 제작	8	7	9	24
	전구를 달아 불이 들어오게 한다	8	8	8	24
	주행 중에 멜로디가 나오게 한다	8	8	8	24
	유선형으로 제작한다	8	9	9	26
	동물의 형상으로 제작한다	7	6	6	19
	날개를 만든다	7	5	7	17
	비행기의 형상으로 제작한다	7	6	6	19
	형광 도료를 입힌다	3	5	5	13
	시제품을 그대로 사용한다	4	8	5	17
	다른 팀의 디자인을 차용하여 발전시킨다	6	10	1	17

구 분	아이디어	비용	시간	가능성	합계
경제성	주위에 있는 재료를 이용하여 제작	10	9	9	28
	최대한 복잡하지 않도록 제작하기	8	10	8	26
	자동차의 구동에 필요한 최소의 재료만 사용한다	10	8	8	26
	최대한 작게 만들어 재료비를 최소화	9	8	8	25
	이쑤시개나 젓가락 등 나무류를 활용	8	6	5	19
	폐품을 활용한다	10	6	3	19
	덮개를 탈부착식으로 하여 수리를 용이하게 한다	8	8	9	25

– 비용이 적게 들수록, 시간이 절약될수록, 실현 가능성이 높을수록 점수를 높이 평가. 각 평가준거는 10점을 만점으로 하였음

6 프로토타입의 제작

6.1 프로토타입의 제작

- 최대한 많은 아이디어를 설계에 적용하기 위해 20점이 넘은 아이디어를 모두 적용하고 프로토타입에 주요한 아이디어를 우선 적용하여 제작. 주어진 모터와 소형모터와의 병렬연결 및 기어 최소화

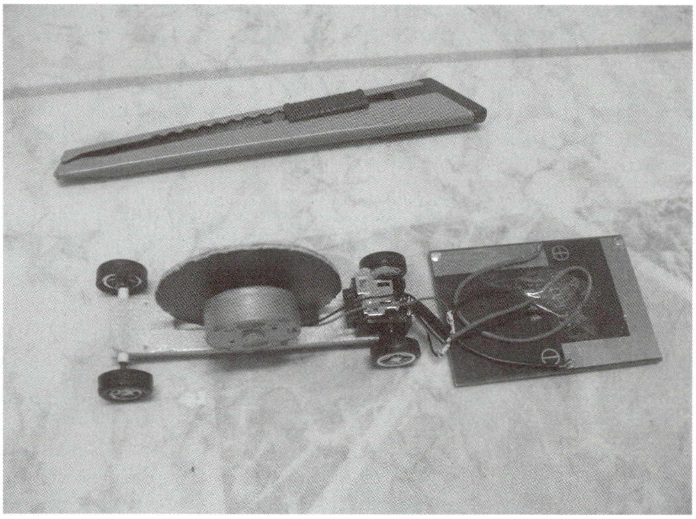

6.2 프로토타입 제작 후 문제점

- 태양전지에 비해 모터가 2개이기 때문에 비효율적이 되어 구동되지 않는다.
- 차체를 낮고 바퀴를 작게 설계했으나 밑판을 얇게 제작했기 때문에 내구성과 주행의 안정성이 떨어진다.
- 바퀴의 마찰력이 부족하여 주행이 되지 않는다.

6.3 프로토타입의 문제점을 수정하여 최종 모델을 제작(레무스:Remus 빠른)

6.4 문제의 해결

- 병렬모터의 비효율성으로 인한 단일모터 채택으로 주행속도 확보.
- 조명과 멜로디 부착으로 심미성 부과.
- 스티로폼을 깎아서 실물과 비슷한 유선형 차체 제작으로 심미성 추가.
- 밑판을 단단한 플라스틱으로 제작하여 안정성 부여.
- 바퀴의 마찰력 증대를 위해 고무링을 부착.

- 최대한 작고 필요한 부품만으로 구성하여 경제성을 확보.
- 기어를 2개만 사용하여 기어에 의한 마찰력을 최소화.

6.5 재료 청구서

목록번호	수 량	품 명	재 료
1	1	밑판	플라스틱
2	1	덮개	스티로폼
3	2	바퀴축 고정틀	플라스틱
4	1	모터 고정틀	고무합성 수지
5	1	스퍼 기어	아세탈 수지
6	1	피니언 기어	아세탈 수지
7	2	헤드라이트	크리스마스카드에서 분리
8	2	수은전지	크리스마스카드에서 분리

FRIEND
Freshman's Introductory Engineering Design

부록 3

공학설계 과제

공학설계 제품 제작 보고서

1 태양전지 자동차 설계하기

1) 설계 목표

주어진 태양전지와 모터를 이용하여 최소의 비용으로, 가장 가볍고, 가장 빠르며, 가장 아름다운 태양전지 자동차를 제작한다.

2) 제한 조건

① 동력 및 동력전달 장치

- 태양전지 자동차의 동력원으로는 반드시 주어진 태양전지와 모터만을 사용한다.
- 동력전달 장치 방식은 자유롭게 선정한다.

② 부품 및 재료 구입

- 자동차 제작에 사용되는 모든 재료는 직접 구입한 것과 구입하여 가공한 것만 사용한다.
- 재활용품이나 정당한 금액을 지불하지 않고 구입하여 사용한 것은 인정하지 않는다.
- 자동차 제작을 위해 주어지는 재료 구입비용은 20,000원이다.
- 소요 비용은 반드시 영수증으로 증빙하여야 한다.

③ 자동차 제원

- 태양전지 자동차의 크기는 가로 30cm 이내, 세로 20cm 이내, 높이 20cm 이내로 한다.
- 크기의 합격 여부는 규격을 만족하는 박스 안에 수납 가능 여부로 판단한다.

3) 평가 기준

① 스피드(40%) : 시합의 순위에 따라 점수 부여

② 무게(20%) : 무게 순에 따라 점수 부여

③ 비용(20%) : 소요비용 순에 따라 점수 부여

④ 심미성(20%) : 채점 기준을 근거로 점수 부여

4) 경진 대회

① 트랙의 출발선과 결승선 구간은 직선으로 구성하며 거리는 10m이다.

② 출발선에 바를 설치하며, 출발 전에 각 팀은 자동차를 바에 위치시킨다.

③ 출발 위치 선정은 모든 팀이 가위 바위 보를 하여 이긴 순서대로 위치를 결정한다.

④ 자동차를 바에 위치시킨 후 제작팀은 어떠한 조작도 할 수 없다.

⑤ 출발 신호와 함께 바를 제거하여 자동차를 출발시킨다.

⑥ 자동차 주행 중에 제작팀은 어떠한 조작도 할 수 없다.

⑦ 5분 이내에 결승선 안으로 들어오지 않은 차량은 실격 처리한다.

⑧ 자동차간 충돌에 의한 전복의 경우 진행요원에 의해 전복 위치에서 재출발한다.

⑨ 어떤 이유에서건 트랙을 벗어난 경우는 진행요원에 의해 트랙을 벗어난 위치에서 재출발한다.

⑩ 자동차가 멈춘 경우 진행요원에 의해 자동차를 넘겨받아 수리를 할 수 있으며, 수리가 끝난 후 진행요원에 의해 멈춘 위치에서 재출발한다.

2 동전 분류장치 설계하기

1) 설계 목표

동전을 종류별로 빠르게 분류하는 장치를 제작한다.

2) 제한 조건

① 1분 동안만 작동하는 장치이어야 한다.

② 가능한 한 많은 동전을 분류하게 한다.

③ 분류된 동전을 받는 4개의 수납함을 부착한다.

④ 소요비용은 20만원을 초과할 수 없다.

3) 평가 기준

① 정확성(50%) : 분류된 동전의 개수를 센다. 단, 잘못 분류된 동전 수의 5배를 분류된 동전의 개수에서 뺀다.

② 스피드(30%) : 분류된 동전의 개수만을 센다.

③ 심미성(20%) : 장치는 아름다워야 한다.

4) 경진 대회

① 4종류의 동전(10원짜리 30개, 50원짜리 30개, 100원짜리 30개, 500원짜리 30개)을 섞어서 나누어준다.

② 팀별로 1분 동안 동전을 자동 분류하게 한다.

③ 분류된 동전을 종류별로 개수를 확인한다.

3 공 선별기 설계하기

1) 설계 목표

테니스공, 야구공, 탁구공, 골프공을 종류별로 분류하는 장치를 제작한다.

2) 제한 조건

① 중력을 이용한다.

② 정해진 수거함에 공이 1개씩 선별되어야 한다.

③ 소요비용은 5만원을 초과할 수 없다.

④ 가로 50cm, 세로 50cm, 높이 50cm 이내로 한다.

3) 평가 기준

① 정확성(50%) : 분류된 공의 개수로 점수를 부여

② 크기(30%) : 제일 작은 크기 순으로 점수를 부여

③ 심미성(20%) : 채점 기준을 근거로 점수 부여

4) 경진 대회

① 4종류의 공을 1개씩 나누어준다.

② 팀별로 공을 분류하게 한다.

③ 분류된 공의 개수를 확인한다.

4 계란용 번지점프 장치 설계하기

1) 설계 목표

날계란을 번지점프시켰을 때 기초물리학과 기초수학을 응용하여 깨뜨리지 않는 장치를 제작한다.

2) 제한 조건

① 계란의 운동방정식을 모델링한다.

② 번지점프 줄에 사용되는 줄의 변형률을 가해진 힘의 함수로 표현한다.

③ 계란이 감속하지 않으면서 최대 자유낙하를 3번 이상 할 수 있는 장치를 고안한다.

3) 평가 기준

① 모델링과 수행 결과의 일치 여부(70%)

② 감속하지 않고 이루어진 최대 자유낙하의 빈도(30%)

4) 경진 대회

① 각 팀은 번지점프 줄의 개수와 길이를 알린다.

② 5층 이상의 건물 옥상에서 시행한다.

③ 각 팀의 모델링 기준에 따라 번지점프를 시행하고 비디오 촬영을 한다.

④ 비디오 촬영 결과를 분석하여 모델링과 비교한다.

5 지진계 설계하기

1) 설계 목표

땅을 통해 전달되는 물리적 진동을 측정할 수 있는 감도가 높은 지진계를 제작한다.

2) 제한 조건

① 사람이 방을 걸을 때 발생되는 미세한 진동을 감지할 수 있어야 한다.

② 진자와 전자석을 사용해야 한다.

③ PC를 활용하여 전기에너지를 측정해야 한다.

3) 평가 기준

① 명시한 재료의 사용 여부(30%)

② 진동 감지 여부(20%)

③ 진동의 세기에 따른 감지도(50%)

4) 경진 대회

① 제한조건에서 명시한 재료 사용 여부를 확인한다.

② 조용한 방에 모든 팀의 지진계를 설치한 후, 체중이 다른 사람을 걷게 한다.

③ 지진계에 의해 측정된 전기에너지 값을 출력하여 비교한다.

6 모형 위그선 설계하기

1) 설계 목표

기초물리학을 응용하여 안정적인 비행과 조정이 가능한 아름다운 위그선(WIG: Wing In Ground effect ship)을 제작한다.

2) 제한 조건

① 소요비용은 30만원을 초과할 수 없다.

② 물 위에서 직진 주행을 하고 이륙하여야 한다.

③ 비행고도는 5m 이내로 한다.

④ 비행 중 상하 좌우로 원격조정이 가능해야 한다.

⑤ 착륙시 기체가 파손되지 않아야 한다.

3) 평가 기준

① 비행 안정성(60%)

② 경제성(20%)

③ 심미성(20%)

4) 경진 대회

① 경기장은 이륙, 착륙, 비행이 가능한 공간이어야 한다.

② 위그선은 1대씩 원격 조정기를 이용하여 출발한다.

③ 위그선의 주행 · 이륙 · 비행 상태를 확인한다.

7 모형 비행기 설계하기

1) 설계 목표

기초물리학을 응용하여 무선 조정이 가능한 가벼운 모형 비행기를 제작한다.

2) 제한 조건

① 소요비용은 30만원을 초과할 수 없다.
② 비행 중 상하 좌우로 원격조정이 가능해야 한다.
③ 이착륙시 기체가 파손되지 않아야 한다.
④ 비행시간이 5분 이상이어야 한다.

3) 평가 기준

① 비행 안정성(50%)
② 비행기 무게(20%)
③ 경제성(20%)
④ 심미성(10%)

4) 경진 대회

① 경기장은 이륙, 비행, 착륙이 가능한 공간이어야 한다.
② 모형 비행기의 무게를 측정한다.
③ 모형 비행기는 1대씩 원격 조정기를 이용하여 출발한다.
④ 모형 비행기의 비행 시간을 측정한다.
⑤ 모형 비행기의 이륙 · 비행 · 착륙 상태를 확인한다.

8 물 로켓 설계하기

1) 설계 목표

기초물리학을 응용하여 목표지점에 도달할 수 있는 물 로켓을 제작한다.

2) 제한 조건

① 목표지점까지 거리는 70m로 한다.

② 소요비용은 5만원을 초과할 수 없다.

③ 발사 기회는 3번으로 한다.

3) 평가 기준

① 목표 적중률(40%)

② 모델링과 수행 결과의 일치 여부(40%)

③ 경제성(10%)

④ 심미성(10%)

4) 경진 대회

① 물 로켓 발사대는 공통으로 사용한다.

② 팀의 발사 기회는 3회로 하고 그중 최고 점수를 추출한다.

③ 발사기의 각도와 물의 양에 따른 발사지점으로부터 도달거리를 측정한다.

④ 모델링한 자료와 수행 결과를 비교 분석한다.

9 아날로그 컴퓨터 설계하기

1) 설계 목표

선형 미분방정식을 풀기 위하여 연산증폭기를 사용한 아날로그 컴퓨터를 설계한다.

2) 제한 조건

① SPICE 소프트웨어를 사용하여 연산증폭기를 모사한다.

② 획득한 자료를 PC로 출력한다.

3) 평가 기준

① SPICE 소프트웨어 사용 여부(20%)

② 정답 확인(30%)

③ 계산 시간(50%)

4) 경진 대회

① SPICE 소프트웨어의 사용 여부를 확인한다.

② 정답이 있는 미분방정식을 아날로그 컴퓨터로 풀어 그 결과를 확인하고 계산 시간을 잰다.

10 교통신호 체계 설계하기

1) 설계 목표

오거리의 신호 체계를 설계한다.

2) 제한 조건

① 각각의 오거리는 3분 이내의 대기 시간을 갖도록 한다.

② 좌회전과 우회전 동시신호는 한 거리에서만 허용한다.

③ 좌회전과 직진 동시신호는 한 거리에서만 허용한다.

④ 지하차도는 하나만 허용된다.

⑤ 모든 거리에 횡단보도가 있어야 한다.

⑥ 신호는 빨간색, 초록색, 노란색만을 사용한다.

⑦ 신호 시스템은 축소하여 시연 가능하도록 제작한다.

3) 평가 기준

① 대기 시간 준수 여부(40%)

② 모델링과 수행 결과의 일치 여부(40%)

③ 심미성(20%)

4) 경진 대회

① 각 팀별로 설계 과정을 보고하고 시연한다.

② 제한조건의 만족 여부를 확인한다.

③ 모델링한 자료와 수행 결과를 비교 분석한다.

참고문헌

강인구(1997), 발명왕 길라잡이, 서해문집.

김기환 외(1988), 기계설계제도, 청문각.

김연성 외(2003), 품질경영론, 박영사.

김영채(1999), 창의적 문제해결 : 창의력의 이론, 개발과 수업, 교육과학사.

김익철(2006), 무엇을 만들어야 하는가?, 인터비젼.

김태훈(2005), 공과대학생의 기술적 문제해결 전략과 자아조절 관련 변인과의 상관 연구, 공학교육연구, 8(2), pp.64-83.

김태훈(2007), 효율적 · 비효율적 문제해결자의 기술적 문제해결 과정 비교 분석, 충남대학교 대학원 박사학위논문.

김태훈, 노태천, 김영종(2006), 설계 문제의 해결 과정에서 나타나는 공과대학생의 문제해결 특성 분석, 공학교육연구, 9(4), pp.46-62.

김태훈, 이소이, 노태천(2005), 공학설계능력의 평가요소 구명, 공학교육연구, 8(3), 49-56.

김호종(2006), 6단계 창의성을 적용한 실용 트리즈, 두양사.

명지대학교 창의공학연구회 역(2000), 창의적 문제해결과 공학설계, 파워북.

박강 외(2006), 공학문제해결의 길라잡이 창의공학, 인터비젼

박도순(2001), 교육연구방법론, 문음사.

서울시립대학교 국정도서제품 편찬 위원회(2003), 제품디자인, 교육인적자원부.

성태제(2004), 문항제작 및 분석의 이론과 실제, 학지사.

신한종합연구소(1995), 거리관찰 가이드북 타운워칭, 신한종합연구소.

야마디 이쿠오(2004), TRIZ로 배우는 창의적 설계(고준빈 외 공역), 인터비젼.

유승현(2004), 설계자의 창의성, 아주대학교 출판부.

이종신, 이영우(2007), 실제 사례로 배우는 TRIZ/USIT, 광문각.

이창훈, 김기수(2007), 공학입문자를 위한 창의공학설계, 한티미디어.

정현철(2008), 과학영역에서의 창의성 계발, KAGE 영재학술원.

최유현(2008), 공학기술과 팀워크, 지호출판사.

충남대학교 공학교육혁신센터(2008), 공학교육학습 모형과 전략, 충남대학교 공학교육혁신센터.

한호택(2007), 트리즈, 천재들의 생각패턴을 훔치다, 21세기북스.

Abraca, J., Bedard, A., Carlson, D., Carlson, L., Hertzberg, J., Louie, B., Milford, J., Reitsma, R., Schwartz, T., & Sullivan, J. (2000), Introductory Engineering Design : A Project-Based Approach, University of Colorado.

Altshuller, G. (1997), 40 Principles : TRIZ Keys to Technical Innovation, Technical Innovation center.

Blackstorm, C. H. & Hursh, G. D. (1963), Survey Research. Northwestern University Press,

Cross, N. (2004). 공학설계 방법론(김관배, 차주헌 역.), 범한서적주식회사, (원저 2000 출판).

Haik, Y. (2004), 창의적 공학설계(김경천 외 역), 시그마프레스, (원저 2003 출판).

Jensen, R. (2005), Dream Society(서정환 역), 리드리드출판, (원저 2001 출판).

Kim, T. H., Kim, M. S., & Kim, Y. S. (2007), Analysis of Team Interaction and Team Creativity of Student Design Team Based on Personal Creativity Modes, ASME 2007 International Design Engineering Technical Conferences & Computers and Information in Engineering Conference.

Kosky, P. G., Wise, G., Balmer, R. T., & Keat, W. D. (2006), Exploring Engineering : An Introduction for Freshman to Engineering and to the Design Process, Elsevier.

Pahl G. & Beitz W. (2004), 공학설계론(한동철 외 역), 동명사, (원저 1996 출판).

Thompson, B. S. (2004), 창의적 공학설계(1)(서영성 외 역), 피어슨에듀케이션코리아, (원저 1998 출판).

FRIEND

찾아보기

숫자 및 영어

가

나

FRIEND

사

아

FRIEND

FRIEND